特选黑皮冬瓜

穗小1号冬瓜

一串铃4号冬瓜

甬瓠3号

早春1号长瓠

冬瓜穴盘育苗

冬瓜吊蔓栽培

大型冬瓜立架栽培时用网兜吊瓜

冬瓜落蔓

冬瓜蜜蜂授粉

人工授粉：将冬瓜雄花花粉
涂在当天开放的冬瓜雌花上

在6～10月温室闲置期
实行轮作以改良土壤

瓠瓜穴盘育苗

瓠瓜单干整枝

瓠瓜人工授粉

瓠瓜吊蔓栽培

冬瓜疫病

冬瓜白粉病

枯萎病

冬瓜炭疽病

冬瓜霜霉病

冬瓜化瓜

缺钾造成冬瓜大头瓜

冬瓜锰过剩症

冬瓜缺钾下部叶叶缘干枯

冬瓜缺镁下部叶叶脉间黄白化

冬瓜缺硼时生长点叶萎缩

冬瓜缺铁时上部叶片黄白化

瓠瓜白粉病

瓠瓜灰霉病瓜

瓠瓜蔓枯病（茎）

寿光蔬菜生产技术丛书

保护地冬瓜瓠瓜 种植难题破解100法

编著者
张锡玉　姚翠华
魏家鹏　胡永军

金盾出版社

内 容 提 要

本书由山东省寿光市农业局、寿光市农业高科技示范园农业科技人员和寿光市田柳镇农技站、寿光市文家街道农技站一线农业技术人员联合编著。编著者以问答的形式，从育苗技术、栽培管理、优良品种与栽培要点、病虫害防治、生理障碍防治和种植新模式等六个方面，介绍了寿光菜农在解决保护地冬瓜、瓠瓜种植难点和重点问题中的新技术和新经验。本书科学性、实用性和可操作性强，文字通俗易懂，适合广大农民、蔬菜专业户、蔬菜基地生产者和基层农业技术人员阅读，亦可供农业院校有关专业师生参考。

图书在版编目(CIP)数据

保护地冬瓜瓠瓜种植难题破解 100 法/张锡玉等编著．—北京:金盾出版社，2007.11
(寿光蔬菜生产技术丛书)
ISBN 978-7-5082-4685-7

Ⅰ．保…　Ⅱ．张…　Ⅲ．①冬瓜-蔬菜园艺②瓜类蔬菜-蔬菜园艺　Ⅳ．S642

中国版本图书馆 CIP 数据核字(2007)第 150209 号

金盾出版社出版、总发行
北京太平路 5 号(地铁万寿路站往南)
邮政编码:100036　电话:68214039　83219215
传真:68276683　网址:www.jdcbs.cn
彩色印刷:北京精彩雅恒印刷有限公司
黑白印刷:北京金星剑印刷有限公司
装订:桃园装订厂
各地新华书店经销

开本:787×1092 1/32　印张:5.875　彩页:8　字数:118 千字
2008 年 4 月第 1 版第 2 次印刷
印数:10001—20000 册　定价:8.00 元

前　言

山东省寿光市农民，在寿光市三元朱村党支部书记、全国劳动模范、全国优秀共产党员王乐义的带领下，学习借鉴东北地区冬季大棚栽培蔬菜的经验，勇于实践，大胆创新，率先在我国北方地区发明和推广了冬暖式塑料大棚（节能日光温室）蔬菜种植技术，变蔬菜一季栽培为四季栽培，实现了蔬菜全年生产，淡季不淡，四季常鲜，引发了寿光乃至全国的一场农业产业化革命。寿光农民在这场农业产业化革命中靠种菜走上了致富之路。截至 2006 年，全市蔬菜种植面积达到 5.3 万公顷，蔬菜总产量达到 60 亿千克。寿光市有 500 多个村成了蔬菜生产专业村，有 14 万户成了蔬菜专业户。寿光市在 1995 年被国家命名为“中国蔬菜之乡”。

如今的寿光就像“绿色的海洋”，形成了“百里大棚（日光温室）三条线，万亩蔬菜连成片”的新格局。寿光人的种菜技术不仅在全国 18 个省、市、自治区得到推广，而且走出了国门，走上了世界。美国、俄罗斯、乌克兰、德国、南非、危地马拉等国都有寿光人办的蔬菜农场。2005 年，外地从寿光聘请的蔬菜技术人员多达 4 000 余人，外地来寿光参观和考察蔬菜生产的多达 4 万人。

寿光蔬菜生产的发展，呈现出日新月异的局面。特别是近几年，涌现出了不少新典型、新技术。应金盾出版社之约，我们组织寿光市活跃在农业生产第一线的农业专家对寿光市及其周边地区农民在蔬菜生产中经常遇到的亟须解决的疑难问题、栽培中应注意的关键技术和出现的新技术、典型经验以及一些有推广价值的栽培模式等进行了解、收集和总结，编写了这套丛书。丛书按蔬菜种类分为《保护地番茄种植难题破解 100 法》、《保护地茄子种植难题破解 100 法》、《保护地辣椒种植难题破解 100 法》、《保护地黄瓜种植难题破解 100 法》、《保护地西葫芦南瓜种植难题破解 100 法》、《保护地丝瓜苦瓜种植难题破解 100 法》、《保护地冬瓜瓠瓜种植难题破解 100 法》、《保护地甜瓜种植难题破解 100 法》、《保护地菜豆豇豆荷兰豆种植难题破解 100 法》9 个分册。

本丛书的编写强调从蔬菜生产实际出发，突出科学性、实用性和可操作性，深入浅出，文字通俗易懂，以问答形式，向广大农民朋友介绍了 10 多种常见蔬菜在保护地栽培中所遇到的疑难问题及其解决方法，换句话说，介绍了寿光菜农在蔬菜种植中的先进技术，对农民朋友发展蔬菜生产将起到一定的指导、促进和借鉴作用，对农业科技人员和农业院校有关专业师生也有参考价值。

我们清醒地认识到，寿光种植蔬菜的技术也不是尽善尽美的，也存在着有待解决和提高的问题，全国不少地方和单位蔬菜生产技术在许多方面比寿光更先进，值得寿光菜农学习。本丛书的出版，也是与各地蔬菜生产基地和广大菜农交流经验、接受广大读者检验的一个机会。

由于编者水平所限，书中疏漏、不妥甚至错误之处在所难免，敬请专家和广大读者批评指正。

丛书编委会

2007 年 2 月

目　录

第一部分　冬　瓜

第二部分　瓠　瓜

第一部分　冬　瓜

一、冬瓜育苗技术

1. 如何配制冬瓜育苗营养土或育苗基质？

育苗营养土或育苗基质是冬瓜苗生长的物质基础，其质量的高低影响着育成苗质量的好坏。好的育苗土或育苗基质不仅无病株残体和虫卵等病原物，还含有幼苗生长所必需的各种营养物质。生产中配制营养土常采取以下方法。

用营养钵或营养土块育苗，可用 6 份 3 年以上未种过瓜类蔬菜地块中的生土和 4 份充分腐熟的优质圈肥做育苗土。使用前将两者混合均匀并过筛。圈肥中的营养物质比较全面，这种育苗土不需再加其他肥料。也可用 5 份 5 年以上未种过瓜类的熟土与 5 份草炭土充分混和拌匀。这类营养土保水保肥性能好，供水供肥能力强，在育苗期间无脱肥现象出现，缺点是在土壤或圈肥消毒不彻底时，苗期病害较重。

冬瓜育苗进行工厂化生产时常采用穴盘，育苗基质可用草炭土、蛭石、珍珠岩等主要物质调配而成。生产上经常应用的这三种成分的比例构成有 3 种：一是草炭土、蛭石、珍珠岩的比例为 5∶3∶2；二是草炭土、蛭石、珍珠岩的比例为 6∶2∶2；三是珍珠岩、草炭土、蛭石的比例为 7∶2∶1。这类育苗基质具有疏松、透气性好、无病原物等特点。

在配制育苗土或育苗基质时，要与农药和肥料的使用结合起来，做好两个结合：一是与农药的使用结合。为保证育苗土或育苗基质中不含有病原物，育出无病苗，可在配制过程中喷施50%多菌灵可湿性粉剂500倍液和40%辛硫磷乳油800倍液，每立方米育苗土或育苗基质加入以上两种药剂各80克。二是与肥料的使用结合起来。为防止冬瓜苗期出现脱肥现象，可在育苗土或育苗基质中加入宝力丰和适量的微肥，每立方米基质中加入宝力丰1千克，硫酸锌和硫酸亚铁各50～100克。施用农药和肥料时，要注意施用均匀，肥料宜用高浓度的全元素复合肥，不用尿素，以防止烂种。

2. 冬瓜种子如何进行浸种处理?

浸种是保证种子在有利于吸水的温度条件下，在短时间内吸足从种子萌芽到出苗所需的全部水量的主要措施。通过浸种，一是能间接缩短催芽所需要的时间，二是能消灭种子表皮所附的病原物。根据冬瓜种子的结构特点，先将种子晾晒1～2天，以便提高发芽率，浸种时先用0.2%～0.5%的碱液清洗，再用以下3种方法浸种。

(1)温汤浸种　温汤浸种所用水温为病菌致死温度55℃，用水量为种子量的5～6倍。浸种时，要不断搅拌种子，并随时补给温水，保持水温55℃10分钟，而后使水温缓慢降到25℃～28℃，洗净附着于种皮上的黏质，在搓洗种子的过程中，要不断地换水(水温在22℃～28℃)，一直洗到种皮洁净无黏性、无气味，种子洗净后，用钳子或牙等将胚端(种子的小头)的种壳嗑破，再放入22℃～28℃的水中浸泡，每5～8个小时换水1次，浸种8～12小时后将种子捞出催芽。

(2)热水烫种　冬瓜种子的种皮坚硬且厚，吸水能力差，在种子充分干燥后，将其放入70℃～75℃热水中(水量不超过种子量的5倍)烫种,用两个容器将热水来回倾倒,最初几次倾倒的动作要快和猛,以迅速降低水温,一直倾倒至水温降到55℃时再改为不断地搅动,并保持这样的水温10分钟。此后,按照温汤浸种的方式进行搓洗、破壳和浸种。

(3)药剂浸种 用药剂浸种消毒前,先将冬瓜种了放入25℃～28℃清水中预浸5～6小时,再浸入药剂中,最后将种子捞出洗净,以后按照温汤浸种的方式进行。

药剂浸种通常有以下3种方式:①福尔马林溶液浸种。用1%福尔马林溶液浸泡种子15～20分钟,而后捞出种子用清水反复冲洗直至水无色为止。这种方法可预防各种细菌性病害的发生。②10%磷酸三钠溶液浸种。将经过预浸的种子放在该溶液中处理30分钟后捞出洗净。这种方法可预防病毒病的发生。③1%高锰酸钾溶液浸种。将经过预浸的种子放在该溶液中处理15～20分钟后捞出用清水冲洗至水无色时再催芽。

浸种时要注意以下两点:一是种子破壳是在经过温汤浸种后,又经热水烫种时水温降到22℃～28℃后进行的,以防止损害胚芽;经过药剂处理的种子,必须用清水冲洗干净,以免影响发芽率。

3. 冬瓜种子怎样进行催芽处理?

冬瓜种子种皮坚硬且厚,影响种子的发芽速率和整齐度,为缩短种子的发芽时间,便于集中播种,应当对冬瓜种子进行催芽处理。催芽处理是冬瓜种子浸种后的承接和继续。冬瓜种子催芽处理主要采用以下方式:将浸过的冬瓜种子用多层潮湿的纱布或麻布或毛巾包裹起来,(不要包得过紧,使包内种子保持松散状态),放入32℃的催芽箱中催芽(或放在热炕上或电热毯上催芽，同时注意防湿，防导电)，催芽期间每隔4～5小时翻动1次种子，进行换气；如果种子量大，则每隔20～24小时用温水搓洗种子1次，洗净黏液，以利于种皮进行气体交换。最后洗净种子装包后，把水分甩掉，随即松散包内种子，再继续催芽。72小时后，当有75%左右的冬瓜种子“破嘴”时，即停止催芽，准备播种。

在催芽过程中往往由于冬瓜种子成熟度不一致和在种子包裹内温度及氧气分布不均匀，造成萌芽不整齐，这时可对种子进行变温处理：高低温度交替以16～24小时为1个周期，其中高温为催芽时所用温度；低温为－1℃～－2℃，时间8～10小时，一般经过1～2次变温处理即可，这时大芽已露出种皮，受低温抑制影响较大些，就能使大芽等待小芽，达到出芽整齐的目的。经过此处理后，还可提高胚芽的抗寒力。

冬瓜催芽应注意以下6点：①催芽时，不能用塑料袋盛装种子，以防种子缺氧变烂。②冬瓜种子在催芽时，要始终保持种子和裹布的湿润。种子量少，在催芽箱中种子极易变干，所以不要随意查看种子，以防引起催芽时间加长，萌芽不整齐。③采用高低温交替催芽，当把种子从低温处拿回到高温处时，要待包布解冻后才可打开检查种子，不用手触摸种子。④在电热毯或其他非恒温热源上催芽时，应当使用两支温度计：一支测包裹外温度，即热源的温度，一支插入包裹内，测催芽时的温度。要密切注意两支温度计读数的变化，尽可能使两支温度计的读数一致，尤其包内的温度计读数应在30℃～35℃。⑤在催芽过程中，无须用药剂浸泡种子，以防引起药害。⑥催芽后，如不需要立即播种，可将种子放入1℃～5℃的冰箱中；或继续进行变温处理，但时间不要过长。

4. 如何准备冬瓜育苗床？

冬瓜育苗时节正值早春和盛夏，可用冷床和电热温床在大棚和温室内育苗，盛夏时节也可用冷床覆盖遮阳网和防虫网在露地进行育苗。下面将这两个季节用于育苗的苗床准备工作介绍如下：

(1)冷床 是最简单的育苗床。冷床的建造方法简便、省工、省料、投资少。但由于它的热能只来自阳光，因此增温、保温效果较差，床温常受制于气温的变化。在冬瓜栽培中，一般将冷床与其他保护设施（如冬暖大棚）结合使用。与大棚结合使用的冷床更为简易，为小拱棚式冷床，四周不需设置土墙；苗床宽度以130厘米为宜，长度随瓜田面积而定；畦的深度以20厘米为宜，畦坑底部要铲平夯实，表面撒铺一层2～3厘米厚的沙土，即可填营养土或制作营养钵。在苗床上架设小拱棚，棚顶覆盖农用塑料薄膜，利用太阳辐射能提高床温，夜间在农膜外覆盖草帘保温。

(2)生物酿热温床 在冷床底部挖深12～16厘米的坑，内垫约10厘米厚的酿热物，通过微生物分解有机质释放热能提高床温。垫装酿热物应注意：酿热物要用新鲜的厩肥、垃圾肥、枯草落叶，发热量高的马粪、垃圾肥要与发热量低的牛粪、落叶混合使用；酿热物要在使用前1周垫入，这是因为填装后需一段时间才能发热，并可防止床土下陷；酿热物要分2～3层踏实，松紧适度，水分适中，并加入适量的氮素营养，如0.5%的碳酸氢铵，使微生物活动具备适宜的空气、水分和营养条件。湿度以70%左右为宜，如酿热物干燥则应浸泡后使用，或补充适量的人粪尿。垫入的粪草要混合均匀，也可一层草一层粪地垫入；酿热物上要铺一层5～7厘米厚的细土作为缓冲层，然后排放营养钵或营养块，以免幼根伸入酿热物伤根。

(3)电热温床 在育苗冷床的培养土下面均匀地布上电热线，利用电热和阳光提高苗床温度，操作简便，可根据需要利用控温仪自如地控温，使苗床内各处温度分布均匀恒定，这样可大幅度提早育苗期。凡能保证供应 220 伏交流电的地区均可使用电热温床育苗。目前，全国各大蔬菜产区已广泛应用电热温床。

用电热温床育冬瓜苗，每平方米使用的功率，在北方为 80～100 瓦，南方为 50～70 瓦。使用上海生产的 DV 系列电热线，每根功率 800～1 000 瓦，布线间距 10～13.5 厘米。布线前先在畦底铺一层 10 厘米厚的沙土或细土作为隔热层，在苗床两端离端壁 10 厘米处各插入 1 排固定电热线用的木棒或竹签，长为 20 厘米，一半插入隔热层。由于阳光照射和夜间降温，常使苗床温度北高南低，因而每排木棒的间距应掌握北稀南密。木棒插好后，即可布线，电热线一定要拉直、拉紧，不能交叉或重叠；进线和出线要安排在苗床的同一端，并连接控温仪，以便于管理。布线结束后在上面撒一薄层细土，厚度以盖住电线为度，然后即可通电试加温。如果试加温结果正常，即可关掉电源，摆放营养钵一定要注意安全，在苗床管理过程中要关掉电源，以防止触电(图 1-1)。

(4)温室和大棚育苗 冷床、温床的容积小，保温效果差，苗床管理困难，为了进一步提高保温性能，可与日光温室、大棚结合起来。把冷床或温床设在日光温室或大棚内，通过两层或多层覆盖并加盖草帘，可提高保温能力(图 1-2)。日光温室(大棚)套小棚的日平均温度和最低温度可比小棚高 3℃～5℃，由于容积大，温度较稳定，特别是可以防止夜间温度过低和冻害影响，在蔬菜生产区可采取蔬菜大棚与温室生产间隙综合利用。

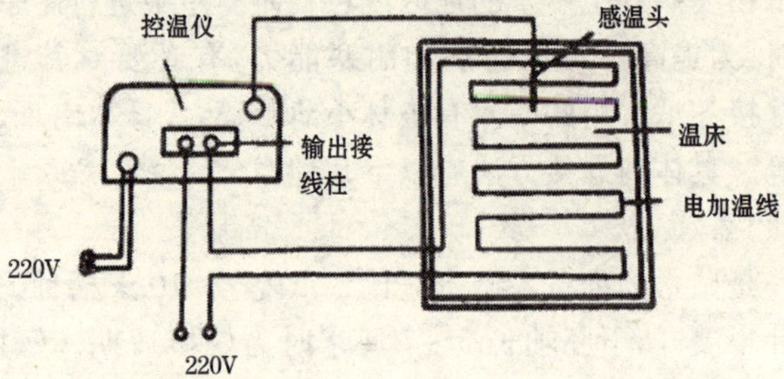

图 1-1　冬瓜育苗电热温床布线示意图

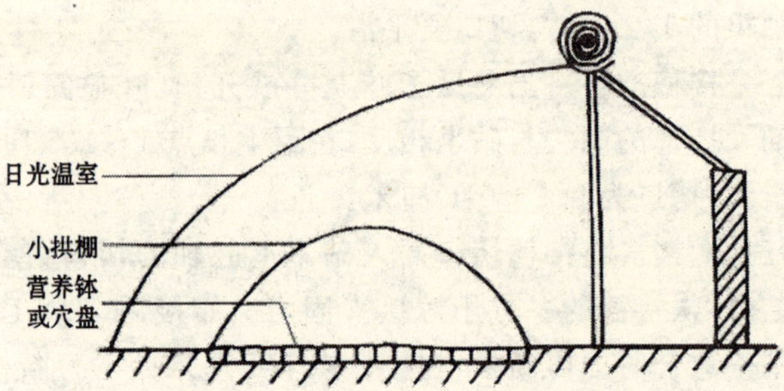

图 1-2　日光温室内育苗示意图

(5)夏天露地育苗床　是露地冷床的改进型。建造冷床要选择背风向阳、排灌水方便的地块。夏季光照强烈，各种虫害发生严重，须在冷床的拱棚基础上覆盖遮阳网和防虫网，防止冬瓜苗被强光灼伤和害虫为害。

5. 怎样进行冬瓜苗嫁接?

冬瓜根系发达，从土壤中吸收养分的能力和抗病能力强，喜温但不耐寒。在生产上一般用它做砧木，用其他瓜类蔬菜为接穗，这是提高接穗的产量和抗病能力的重要措施。但是在冬瓜枯萎病发生严重的地区或在日光温室中进行冬季高效栽培时，为提高冬瓜的防病和耐寒能力，有必要对其进行嫁接。嫁接冬瓜常用的砧木有玉林小葫芦、V_{99}、日本南瓜、黑子南瓜等。具体的嫁接方法有以下几种。

(1)靠 接 法

一是砧木的准备。砧木应比冬瓜晚7～10天播种。第一片真叶半展开，下胚轴长6～7厘米时为嫁接适期。嫁接时，先用刀片或竹签剔掉砧木的生长点，在子叶下方1厘米处呈30°～45°角向下斜切一刀，切口长度为0.5厘米，深度要达到下胚轴粗的1/2左右，切口要平滑。

二是接穗准备。当冬瓜子叶充分展开，真叶显露时为嫁接适期。接穗的削法与砧木相反，在距生长点1～1.5厘米处向上斜切，切口为0.5～0.6厘米。

三是嫁接。将接穗切口插入砧木上胚轴的切口，使二者紧密结合，从接穗的一方用嫁接夹固定。靠接后10～15天，伤口基本愈合时即可断根，在接口以下1厘米处下刀断根，以后视接口愈合程度去掉嫁接夹(图1-3)。

(2)顶插接法

一是竹签的制备。选竹织针或竹片削成单面半圆锥形竹签或双面楔形竹签。楔形面长度为0.5～0.6厘米，竹签的直径为0.1～0.2厘米。

二是砧木以及接穗的准备。砧木比冬瓜早播种3～5天，当砧木苗高为6～7厘米，第一片真叶半展开，其宽度超过1厘米时为嫁接适期。嫁接时，用竹签剔去砧木生长点，然后用竹签从一侧子叶基部中脉处向另一侧子叶下方胚轴内穿刺，

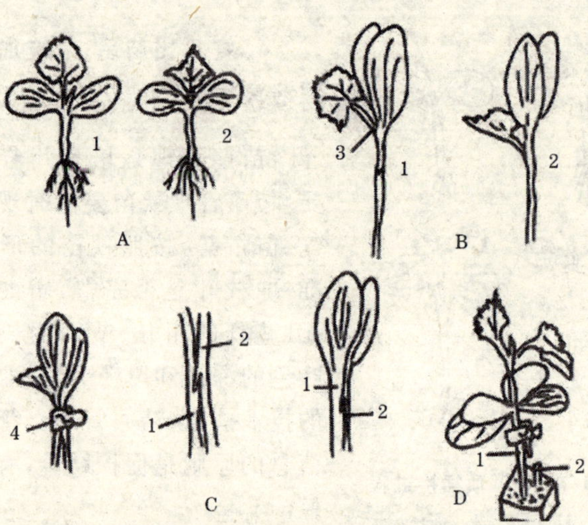

图 1-3　冬瓜靠接法嫁接育苗过程

A. 砧木与接穗　B. 砧木与接穗处理　C. 嫁接　D. 断根

1. 南瓜苗　2. 冬瓜苗　3. 摘除生长点　4. 嫁接夹

扎孔深 0.4～0.5 厘米，把接穗削成楔形，在距子叶 0.5～1 厘米处以 30°角斜切，切口长度 0.4～0.5 厘米。拔出竹签，立即将接穗插入孔中，使接穗平面与竹签平面吻合（图 1-4）。

(3)嫁接苗管理　冬瓜的砧木、接穗和嫁接苗床要设置在同一个大棚或日光温室中，以便于嫁接作业和嫁接后的管理。嫁接时，要一边嫁接一边栽植，栽植深度不要高于嫁接口，否则将失去嫁接的意义。嫁接后要立即在嫁接苗床上搭建小拱棚，上覆农膜和草苫，以利于保温保湿。最初几天，白天温度保持 27℃～30℃，夜间保持 20℃～25℃，空气相对湿度控制在 90%以上，促使伤口快速愈合。3～4 天后在早、晚逐渐加大通风量和透光量。当接穗有新叶长出时，说明嫁接苗已成活，可进行接穗断根处理。

6. 冬瓜出苗后，怎样加强管理培育壮苗？

苗期管理是培育壮苗的重要环节，管理秧苗要随时观察天气、苗情等，按照秧苗的形态标准，即枝叶是否完整、病虫的有无、茎秆的粗壮、节间的长短和叶色的深浅和厚薄等，采取相应的技术措施，精心管理。管理秧苗总的原则是促控结合，有促有控。

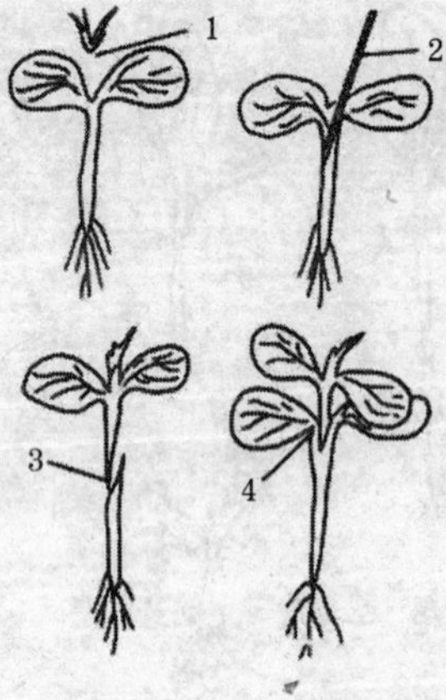

图 1-4　冬瓜顶插接过程

1. 去掉南瓜顶芽　2. 斜向插入竹签　3. 削切冬瓜接穗　4. 插上接穗

(1)从子叶出土到破心(初生真叶显露)的管理　这是秧苗逐步过渡到独立生活的关键时期，重在控水降温(寒冷季节应提温)，白天保持 20℃～25℃，夜间保持 13℃～15℃，应加强光照(忌连阴天)，少施或不施氮肥。这一时期为 6～7 天。

(2)从破心到四叶展平的管理　这一时期温度要适当提高，白天保持 20℃～25℃，夜间 15℃～18℃，低于 15℃则发育受阻。如需要追施肥料或浇水时，可在二叶完全展开时进行，但要结合中耕或盖土。在冬季温室育苗时，应不浇或少浇水，重在增强光照，提高温度。要求土壤表面湿而不涝，干而不裂。此期要加强防治外界虫害，露天育苗要使用防虫网和薄膜(防止雨水淋浇)。

无土培育壮苗时浇水次数相对较多，但阴雨天一般不浇水，如施肥，禁用挥发性强的氮肥，可用水溶性好的复合肥，有效肥料浓度应在 0.2%～0.5%。

(3)移植前的炼苗 为使冬瓜苗定植后缩短缓苗时间，提高其抗逆能力，定植前必须对冬瓜苗进行低温锻炼，即在定植前1周将白天温度控制在15℃～20℃，夜间温度控制在13℃～15℃，经过5～6天即可完成。同时，应对幼苗进行抗旱锻炼，5～6天内不浇水。

(4)生长调节剂的应用 在盛夏季节育苗，不可能用低温锻炼和抗旱的措施处理幼苗，可在幼苗第一片真叶展开、第二片真叶显露时用15%多效唑可湿性粉剂5 000～6 000倍液喷雾，后期可喷施比久2 000倍液。

(5)冬瓜苗期管理中应注意的问题 ①种子戴帽出土。这是由于土壤变干、种皮不湿润或覆土过浅引起的。出现这种现象后应及时撒盖湿润细土或适量喷水，以此保墒保湿，但不能大水浇灌。对于已戴帽出土的种子，可以人工小心摘去。②加强秧苗前期控水降温措施，以防止“高脚苗”的出现。如已出现高脚苗，尽量不要施用抑制类生长激素，例如多效唑、缩节胺和矮丰灵等。若应用生长调节剂，要严格掌握用药浓度，喷药时不能重喷，以防止产生药害。③加强温、湿度的管理。在雨季时，防止雨水淋浇秧苗；当外界气温低而苗床气温高时，要逐渐加大通风量，并注意防止通风量突然过大导致“闪苗”；炼苗时，温度须逐渐降低，忌温度骤然降低，蹲苗时间不能过长，以防止形成“僵苗”、“小老苗”。

7. 冬瓜的适宜苗龄和壮苗标准是什么？

冬瓜适宜的日历苗龄是35～45天，生理苗龄为3叶1心或4叶1心。冬瓜根系木质化早，再生能力差，苗龄不宜太长，否则定植后不容易缓苗。

冬瓜的壮苗标准是：具3～4片真叶，叶片青绿、肥厚，2

片子叶健壮完好，节间粗短，有发达的根系、根系色泽洁白，整株无病虫为害。

冬瓜育苗，在环境条件完全符合要求时，育苗所需要的日期根据积温确定。从种子萌动、子叶展开到4叶1心，需积温800℃～1 000℃。

日光温室早春茬冬瓜栽培，最好培育3叶1心的秧苗，其他茬口应培育4叶1心的秧苗。

二、冬瓜栽培管理

8. 冬瓜保护地栽培茬次怎样安排？

冬瓜是一种喜温耐热不耐寒的蔬菜，在保护地冬瓜生产中常与其他蔬菜进行间作、套种，提早或延迟生产，是提高保护地蔬菜生产效益的主要手段之一，是越夏蔬菜生产不可缺少的品种。现将冬瓜具体的栽培茬次介绍如下。

(1)日光温室春延迟栽培 前茬可以是豆类蔬菜，也可以是茄果类蔬菜。一般于2月中下旬在温室内开始育苗，3月下旬至4月上旬定植，6月上中旬收获。

(2)日光温室秋提前栽培 一般在4月下旬至5月上旬育苗，5月下旬至6月上旬定植，8月下旬开始收获。下茬蔬菜可以是冬春茬生产的茄果类蔬菜。

(3)日光温室冬春茬栽培 近年来，在寿光市及周边地区利用绿春、北京一串铃等小型冬瓜吊架栽培，作为冬瓜的冬春茬生产，效益比较可观。大多在第一年11月上旬播种育苗，第二年1月上旬定植，3月中旬开始收获。

(4)拱棚冬瓜的春提前和秋延迟栽培 拱棚冬瓜的栽培

时间以间套作蔬菜的收获时间灵活掌握。以冬瓜为前茬蔬菜的,要在 4 月中旬定植;以冬瓜为后茬蔬菜时,要在 11 月下旬收获完成。

冬瓜的茬次安排要避免以其他瓜类蔬菜为前后茬,防止瓜类枯萎病等土传病害加重发生;要考虑前后茬蔬菜根系分布的深浅,保证土壤中的养分均衡供应;要考虑前后茬蔬菜茎秆高低的搭配,保证蔬菜行间的通风透光。

9. 冬瓜的生育历期及各期的特点是什么?

冬瓜的生育周期有发芽期、幼苗期、抽蔓期、开花结果期 4 个时期,各期的起止时间和生育特点如下。

(1)发芽期 从种子萌动到子叶展开为发芽期。从播种到子叶展开需 5～10 天。冬瓜种子发芽过程中吸水量大,吸水速度慢,要求温度高,发芽时间长。在 30℃条件下,冬瓜种子吸水达到饱和需 37 小时,吸水量为种子干重的 1.8 倍。冬瓜种子在 30℃～35℃的适宜温度条件下,2～3 天可大部分出芽。

(2)幼苗期 子叶展开到发生 6～7 片真叶并开始抽出卷须时为幼苗期。在 20℃～25℃的适宜气温下,幼苗期历时需要 25～30 天。在幼苗期,营养生长和生殖生长同时进行,早熟和中熟品种在这一时期完成花芽分化。较低的夜温和短日照有利于雌花的分化,此期的管理以增强光照为主。

(3)抽蔓期 从幼苗具有 6～7 片真叶并抽生卷须到植株雌花现蕾为抽蔓期。一般历时 30～35 天。此期是营养生长旺盛期,其生长中心是扩大叶面积、分化新叶和发生侧蔓。

(4)开花结果期 从雌花现蕾到收瓜为开花结果期,历时 21～25 天,连续采收期可达 50～70 天。这一时期又可分为果实发育初期、中期、后期 3 个阶段。在果实发育初期，果柄弯曲下垂，俗称“弯脖”，表明果实已坐稳，此时营养生长争夺养分，如有连阴天、养分不足或过于干旱时，会出现“化瓜”；果实发育中期是果实急剧膨大期，营养生长减慢，对氮、磷、钾的需要量显著增加；果实发育后期是果实体积膨大逐渐停止后转入干物质积累时期。

10. 冬瓜对环境条件有哪些要求？

冬瓜生长发育需要长期保持适宜的环境条件。环境条件包括温度、光照、水分和土壤肥料等 4 个方面。

(1)温度 冬瓜是喜温耐热的蔬菜，生长适温为 23℃～32℃，在 40℃条件下也有较强的同化功能。在高湿的环境下，短时间内可安全度过 50℃的高温。成株对低温的忍耐能力较差，其临界温度为 15℃。长期低于 15℃，则叶绿素形成受阻，同化作用能力降低，影响开花授粉，导致化瓜，甚至植株枯死。种子发芽的适宜湿度为 30℃～35℃，在此温度范围内发芽最快，发芽率最高；幼苗期的适宜温度为 25℃～28℃，根伸长的最低温度是 12℃，根毛发生的最低温度是 16℃。

(2)光照 冬瓜属于短日照作物，也有人认为属于中日性作物。实际上，经过长期栽培的冬瓜品种，适应性较广，对日照条件要求不严格，只要其他环境条件适宜，一年四季都可以开花结果，特别是小果型的早熟品种适应性更强。

(3)水分 冬瓜是喜水、怕涝、耐旱的蔬菜，要求适宜的土壤湿度为 60％～80％，适宜的空气相对湿度为 50％～60％。冬瓜在不同的生育时期需水量不一样：一般在种子播种发芽出土时期，土壤含水量应保持在 80％，幼苗期以保持在 60％～70％为宜。

(4)土壤肥料 冬瓜是一种对土壤要求不太严格、适应性广而又喜肥的作物。它在各种类型的土壤中都能生长，但以肥沃疏松、通透性好、pH 为 5.5～7.6 的中性或偏酸性土壤为宜。冬瓜对氮、磷、钾元素的的要求比较严格，每生产1 000千克冬瓜果实，大体需要氮 1～3.6 千克，五氧化二磷0.6～1.5 千克，氧化钾 1.5～3 千克，三者之比约为 1∶0.4∶1.1。冬瓜不同时期对肥料的吸收量，幼苗期少，抽蔓期多，开花结果期特别是果实发育前期和中期吸收量最多，后期吸收量又减少。

11. 冬瓜定植前怎样对保护地进行消毒处理？

保护地在为蔬菜的常年生产创造了条件的同时，由于其连年种植蔬菜及常年高温高湿的环境，也为病虫害的滋生蔓延提供了有利条件。在冬瓜等蔬菜定植前，对保护地及周边环境进行消毒处理是非常有必要的。

(1)及时清理病株残体和杂草 有些真菌和细菌附着在病株残体上营腐生生活，病毒则是在田间杂草和其上的昆虫体内越冬或越夏，成为初侵染来源。及时清除病株残体和杂草，是减少初侵染的病原物数量、降低病虫害发生程度的有效途径。

(2)施用充分腐熟的圈肥 粪肥是病原物的初侵染来源之一。施用充分腐熟的圈肥，不仅有利于冬瓜尽快地吸收其中的养分，也有利于降低病原物初侵染的数量。

(3)高温闷棚 在保护地蔬菜定植前 2 周，在结合深翻土地施用圈肥的基础上，覆好棚膜并关闭严实，利用自然光照使棚内温度升高，棚内温度在晴好的条件下可达到 50℃以上，土壤温度还要高些，照此维持 1 周左右时间，可杀死土壤中的大部分病原物。

(4)药物消毒 在覆好棚膜的基础上，用硫黄粉和菌毒清对保护地内的竹竿、立柱等支撑物和吊绳等绑缚物进行消毒处理。每40平方米保护地面积用硫黄粉50克与锯末混合均匀，密闭大棚后点燃熏蒸。每667平方米用50%菌毒清水剂1千克喷雾。前者是一种广谱性杀菌剂，可对多种真菌和细菌病害有防治效果，后者不仅对真菌和细菌病害有防治效果，对防治病毒病也有一定的效果。在保护地冬瓜定植前可根据前茬蔬菜病害的发生情况，采用不同的处理措施，也可以两种措施一起应用。

12. 冬瓜定植密度及确定的依据是什么?

冬瓜定植的密度受品种类型、栽植方式和立地环境的土壤肥力等多种因素的制约。其中冬瓜的品种和栽植方式是主要因素，其他是次要因素。

保护地栽培冬瓜一般用早熟品种进行吊蔓或搭架栽培，大行距为80厘米，小行距为50厘米，株距为40～50厘米，每667平方米定植2 050～2 500株，土壤肥力较高的保护地定植密度要大，反之宜小些。

露地爬地冬瓜一般用中晚熟品种。爬地冬瓜植株在地面上生长，蔓叶互相遮蔽，不利于密植，每667平方米定植300～460株。土壤肥力低的地块和果型小的品种定植时，密度要大一些，以便提高产量；土壤肥力高的地块和果型大的品种，定植密度要小些。

搭架栽培冬瓜，将大部分蔓叶引上棚架，使空间得到充分利用，有利于密植。每667平方米定植大果型品种400株。

秋植冬瓜要比春植冬瓜的密度要大些，这是因为秋植冬瓜的生长期短，蔓叶生长量少，结果较小，需要通过增加密度来提高产量。

13. 保护地栽培冬瓜的植株如何调整？

保护地栽培的冬瓜，其植株调整主要有以卜儿个方面的工作。

(1)盘条 当植株具有6～7片真叶、蔓长30～40厘米时，在植株的北侧，由里向外挖1个半圆形、深4～5厘米的浅沟，把冬瓜的茎节和叶柄顺势埋到土中2～3个叶节，使叶面和生长点露到外面，此种做法称为压蔓，俗称“盘条”。其作用主要是为了促使节间发生不定根，扩大根的吸收面积，增加雌花，也有调整茎蔓使其以后生长整齐一致的作用。具体做法是：压蔓前，首先摘除侧枝和卷须，然后通过盘条弧度的大小来调节茎蔓的长度，使茎蔓露在外面的长度一致，并基本处在将来系吊绳的部位，以方便上架。然后，一手提着生长点使其竖起，另一只手用土埋蔓并压实，但切记不要损伤叶片。压蔓后要浇1次水。为了促进不定根的发生，可在压蔓的部位灌入5毫克/千克萘乙酸水溶液或5毫克/千克吲哚丁酸溶液。

(2)吊架和引蔓 在每行植株上端按南北向拉一铁丝，并对每个植株拴1条尼龙绳下垂至根部，将绳系在冬瓜的根茎上，待瓜蔓再长出30厘米左右时，即开始引蔓上架，使吊绳与茎蔓相互缠绕在一起。吊架时，把系到铁丝上的绳多留出1.5米长(注意：一定要系活扣)。结合引蔓摘除多余的侧枝和卷须。

(3)落蔓 当瓜蔓龙头第一次伸到或超过铁丝(铁丝距地面2米)时落蔓。落蔓时把活扣打开，使绳下落一些，冬瓜秧也就完成了落蔓的工序。之后，再重新将绳以活扣的方式系到木杆上或顺拉在铁丝上，为下一次落秧做准备。这样做只须“落绳”即可，冬瓜秧不需要在绳上绕上绕下，不但节省了大量的用工时间，而且冬瓜秧也不会受伤。落蔓后必须保证有15～20片功能叶。降落到垄面的蔓要顺其生长方向，呈圆环式盘绕，随着圈数增加，可随时用塑料绳松绑在一起，盘放在蔓基部内侧，以免在作业过程中被碰伤或碰断，同时，还可避免因灌水使垄面积水潮湿而导致蔓枯病的发生。由于温室前部较低，蔓头伸起，容易顶住棚面。因此，前部落蔓要勤些，每次降15～20厘米。为了保证充足的通风透光，促进光合作用，制造更多的光合产物，温室内冬瓜蔓由前到后应降成一个“前低后高”的坡度梯形。

(4)整枝 目前冬瓜整枝主要有以下3种方法：①单干整枝法。在主蔓生长强壮时，就在主蔓上第十节以后相间留3～4个瓜，在最后一个瓜的后面留5～6片叶摘心。②多侧枝整枝法。在主蔓的基部选留2～3个强壮的侧枝，其余的侧枝全部摘除，在侧枝上留瓜，每一侧枝在瓜后5～6片叶摘心，以集中养分长大瓜。这种整枝方式适于爬地栽培，而不适于温室的搭架栽培。③连续摘心整枝法。在主蔓第五节留第二朵雌花或第三朵雌花结第一个瓜，把瓜前(不包括瓜节)所有的侧枝摘除，并在瓜后留2片叶摘心，待瓜节上的侧蔓坐瓜后，仍在此瓜后留2片叶摘心，同样摘除除瓜节以外的所有侧枝；待第二个瓜节的侧蔓坐瓜后，仍如前法使下一个侧蔓结瓜，按此法继续留瓜，直至认为可以结束为止。这样的整枝方法可使瓜和秧同时旺盛生长，生育期延长，结瓜数量多，从而提高产量。

不论采取哪种整枝方式，一定要保持起码的叶果比例。一般来说，1个瓜大约需要10片左右的功能叶，以后各瓜必须再增加5片新叶，连同以前的老叶一起来保证这个瓜的生长。正常的整枝或由于其他原因不能保证合理的叶果比时，应考虑从被摘除的侧枝上留叶加以补足。总之，在栽培的过程中，一切应灵活掌握。

当植株营养生长过旺时，即植株郁闭影响通风透光时，需要及时将无用的侧枝和衰老的叶片摘除，打杈、摘心和打老叶均宜选晴天露水干后进行，以防止伤口不易愈合而引起腐烂。

(5)人工授粉和留瓜 目前，早熟品种一般都选留第二朵或第三朵雌花结第一个瓜。留瓜的方法是：将主蔓上第一朵雌花摘掉，留以后的第二或第二朵雌花，在其开放的当日9～10时左右，摘取盛开的雄花，将其花冠撕下，用花药在雌花柱头上轻轻涂抹，一般1朵雄花可授2～3朵雌花。或用干净的毛笔蘸取花粉，轻轻地涂抹在雌蕊的柱头上。

若雄花量不足时，可用50～100毫克/千克2,4-D加入20毫克/千克赤霉素涂抹花托和柱头。但药剂处理的坐果率不及人工授粉的坐果率高。

雌花经过授粉受精后，子房开始膨大，当其增重到一定程度时，果柄自然弯曲下垂，形成"弯脖"后，表明瓜已基本坐住，应加强肥水管理。若同一时段内坐瓜较多时，应选留位置合适、瓜形周正、发育快、果柄粗的幼瓜，其余的可酌情疏去。目前，生产上"惜瓜不疏"的问题比较普遍，因而导致瓜个小，影响了上市的质量。

如果第一个瓜触及地面，可在瓜下垫上木板或草圈，以防止湿度过大造成烂瓜或被地下害虫咬食。垫瓜时要把瓜柄调顺直，防止日后需要翻晒瓜时瓜柄断掉。施肥时要注意不要使肥料沾到瓜上，否则会引起烂瓜。若肥料沾到瓜上时，应及时用清水冲洗掉。

14. 保护地冬瓜如何正确授粉？

保护地栽培冬瓜，由于受到光照不足、低温和湿度较大等不利环境条件的影响，造成授粉受精不良，导致落花、化瓜。对冬瓜进行人工授粉可以有效防止落花和化瓜，从而提高坐瓜率。在生产实践中，常用的人工授粉方法有以下 2 种。

(1)雌雄异花授粉 冬瓜是雌雄同株异花授粉蔬菜。在雌花开放的当天或第二天的 9～11 时，把雄花的花萼剥除后，把雄花的花药轻轻地涂抹在雌花的柱头上。一般一朵雄花可以授 2～3 朵雌花。第一朵雌花一般不授粉。授粉时动作要轻，以免把雌花柱碰掉。

(2)2,4-D 点花 2,4-D 的适宜使用浓度为 50～100 毫克/千克。每年 12 月上旬至翌年 2 月上旬温度较低，用 75～100 毫克/千克 2,4-D 点花，其他时间用 50～75 毫克/千克的浓度。用 2,4-D 点花的时间是在雌花充分开放的当天或第二天的 9～11 时(此时已无露水)进行，过早易形成畸形瓜，过晚则雌花脱落。使用方法是用细毛笔蘸取少量药液涂抹于花梗上，涂药液长度在 0.5 厘米左右，用药量的多少可以通过药痕的长、宽来调整。生产实践已经证明，一旦用 2,4-D 点花后，如果再用其他方法授粉，冬瓜的坐瓜率较低，效果不好。在一个生长季内，最好应用一种授粉方法为佳。

用 2,4-D 点花要注意以下 3 个问题：①点花要适时，要等花瓣完全展开时点花，这样效果才能达到最佳。②点花不要重复，否则会造成用药量过大而导致畸形瓜出现。为防止重复点花，可在药液中加入适量的有色颜料，以便于识别。③点花时要小心进行，切勿将药液洒在嫩叶上，否则将导致叶片皱缩。

用2,4-D点花还要做到3个结合：①点花与保瓜相结合。为使点花后瓜迅速膨大，可在药液中加入20毫克/千克赤霉素，以促使养分向点花后的瓜内集中。②点花与防治灰霉病相结合。灰霉病发生是先侵染花，由花再传播到嫩瓜和叶，造成烂瓜、烂叶。因此，在点花时防治灰霉病是防治此病的首要环节。可在药液中加入0.1%的50%扑海因或速克灵可湿性粉剂。③点花与其他栽培管理措施相结合。点花后果实生长速度加快，需要养分增多，要加强肥水管理、搞好病虫害防治，调节好棚内温、湿度。

(3)吡效隆蘸花　生产上也可采用吡效隆蘸花代替人工授粉或2,4-D点花，用吡效隆10毫克对水750～900毫升，在冬瓜雌花开放的当天或前后1天蘸花和子房1次即可。

(4)放蜂　蜜蜂等蜂类是传粉的重要昆虫，在冬瓜授粉时每667平方米放养1箱蜜蜂，不仅能有效地解决冬瓜的授粉问题，还可解决冬季蜜蜂的蜜源问题。具体方法参阅本书第15问。

15. 保护地冬瓜蜜蜂授粉技术有哪些关键环节？

保护地内几乎没有蜜蜂等授粉昆虫，冬瓜易出现结瓜率低、产量低等现象。有的菜农对冬瓜采取涂抹激素等措施进行保花保果，但畸形果数量多，口感不好。寿光市大面积利用蜜蜂为保护地冬瓜授粉，但不同农户常因管理措施不同，授粉效果存在很大差别。提高保护地蜜蜂授粉效果，必须根据保护地的特殊性，采取相应的技术措施。

(1)科学配置蜂群　蜂群首次搬进温室，会拼命往外飞，大部分会撞死。但据观察，死去的都是成年的老蜂，没有一只幼蜂，这就要求蜂农将蜂箱搬进保护地前，必须将老蜂尽可能放光，只保留幼蜂。蜂群进入温室后，不要马上打开巢门，先进行短时间的幽闭，使蜜蜂有一种改变了环境的感觉。由于保护地内温度比外界高，迫使蜜蜂有飞出去的愿望，待 5～6 小时后，先开 1 个刚好能让 1 只蜜蜂挤出去的小缝，这样凡是挤出去的蜜蜂就不会有一飞出巢门就立即飞到很远地方去的愿望，而是绕着蜂箱来回飞翔，重新认巢，熟悉新环境。

根据蜜蜂的生物学特性以及保护地的小气候特点，从蜂群搬进温室之前，就要采取一系列特殊的措施：①蜂群要达到满箱，每箱要达到 5 框 1 万只蜜蜂，以提高授粉率。②因原有外勤蜂不易适应保护地环境，要求蜂群内有大量的幼蜂和封盖子。③根据蜂量，严格限制巢门的尺寸，以训练工蜂重新认识新环境，适应小空间的飞翔。④要保证箱内有充足的食物，并在巢门口设置喂水器，每隔 3～4 天换水 1 次，以利于正常繁殖幼蜂。工蜂为了饲喂幼虫，必须出巢采集花蜜，从而起到授粉作用。⑤将蜂群放在干燥处，以免保护地内过大的湿度侵袭蜂群。将蜂箱底部垫起，始终保持蜂群良好的通风透气状态，防止高温闷热对蜂群造成危害。⑥每 667 平方米需配 9 000～10 000 只蜜蜂。

秋季和春夏之交，保护地内温度达到 30℃以上时，需要开窗通气。为防止蜜蜂外飞，应在窗口罩尼龙纱。

(2)提高蜜蜂授粉的积极性 由于保护地内的花朵不可能像自然界中那么多，并且冬瓜的花香相应淡一些，对蜜蜂的吸引力小，为了使蜜蜂能尽快地为冬瓜的花朵授粉，应及时喂给蜜蜂含有将要被授粉冬瓜花朵的诱导剂。配制诱导剂的方法是：先在沸水中溶入同等重量的白砂糖，待糖浆冷却至 20℃～25℃时，倒入预先放有花朵的容器里，密封浸渍 4～5 小时，然后饲喂。第一次饲喂最好在晚上进行，第二天早晨蜜蜂出巢前再饲喂1次，以后每日清晨饲喂，每群每次喂100～150克。只要采取上述措施，蜜蜂的访花率会显著提高，产量明显增加。

提高蜜蜂授粉积极性的另一个有效办法是增加冬瓜作物对蜜蜂的吸引力，蜜蜂授粉效果很大程度上取决于花蜜的分泌量。而增加花蜜的分泌量，则取决于耕作栽培措施，特别是营养条件，蜜蜂在施过化肥又清除过杂草的耕地上授粉效果最好。可以通过肥水调控措施来增加花蜜分泌量，例如施用磷、钾肥可以明显增加花蜜的分泌量。磷能促进单糖积累，并将糖运送到花中；钾能加速植物体内碳水化合物的形成，作为能量运用，因此施用磷、钾肥，可以促进花蜜分泌，而且可以使作物抗逆性提高。还可以在花期用稀释的蜂蜜水或白糖水(每1～2克蜂蜜或2～3克白糖对15升水)喷到当天开放的花朵的柱头上。在喷洒过程中要不断地晃动喷雾器，因蜂蜜水或白糖水易沉淀。喷洒时间掌握在花瓣展开后即将散粉前。

温度和湿度对蜜蜂授粉的积极性影响最大。早春气温低于18℃或高于32℃，蜜蜂不出箱。短期内温度和湿度的调节，除采取保护措施如临时加温以提高温度、搭荫棚以降低温度外，也可以采取地面浇水或喷水等措施调节小气候。在高温季节，可以根据温度高低选用不同透光率的遮阳网进行降温。这样，不仅可以保证蜜蜂正常访花，而且不至于使冬瓜雌花柱头黏液被晒干，花粉粒也不会因空气干燥而死亡。

16. 在保护地冬瓜生产中怎样进行二氧化碳气体施肥？

二氧化碳是植物进行光合作用的主要原料。植物生长发育所需的总养分中有45％是来自二氧化碳。保护地冬瓜施用二氧化碳后增产效果显著，一般每667平方米可增产20%以上，提早成熟5～7天，并能改善品质，提高抗病能力，延长采收期。温室大棚是一个相对封闭的保护设施，其中的二氧化碳主要来自大气、植物和土壤微生物的呼吸作用。温室中二氧化碳浓度在上午揭草帘前达到最大，为1 000毫克/立方米以上；揭草帘后，随着光合作用的进行，每小时以400毫克/立方米的速度下降；到通风前，室内二氧化碳的浓度下降到一天中的最低值100毫克/立方米。据研究表明，冬瓜等蔬菜作物生长发育所需要的二氧化碳气体最低浓度为80～100毫克/立方米，需要的最高浓度为1600～2 000毫克/立方米，适宜浓度为800～1200毫克/立方米，而大气中的二氧化碳浓度为300～400毫克/立方米，保护地内光合作用最活跃时二氧化碳的浓度则更低，因此必须进行二氧化碳气体施肥。

(1)保护地内施用二氧化碳的时间 保护地冬瓜生长发育前期，植株较小，吸收二氧化碳数量相对较少，加之土壤中有机肥施用量大，分解产生二氧化碳较多，一般可以不施二氧化碳。若过早施二氧化碳，会导致茎叶生长过快，而影响开花坐果，不利于丰产。进入坐果期后，应加大二氧化碳施用量，到开花结果期正值营养需求量最大的时期，也是二氧化碳施用的关键期。此期即使外界温度较高、通风量加大，每天也需要进行短时间的二氧化碳施肥。一般每天中有2小时左右的高浓度二氧化碳时间，就能明显地促进冬瓜生长。结果后期，植株的生长量减少，应停止施用，以降低生产费用。一天内，二氧化碳的具体施用时间应根据温室大棚内二氧化碳的浓度变化以及植株的光合作用特点进行安排。一般晴天日出半小时后，温室大棚内的二氧化碳浓度下降就较明显，浓度将低于光合作用的适宜范围，所以晴天揭帘后应开始施用二氧化碳；

多云或轻度阴天，可把施肥时间适当推迟半个小时。

(2)保护地内施用二氧化碳肥的方法 一是化学反应法。一般用硫酸和碳酸氢铵为原料，浓硫酸和水按 1∶3 的比例稀释，稀释时注意浓硫酸要慢慢倒入水中，不能快速倒入以防止硫酸飞溅灼伤身体。反应器具用塑料桶，每 667 平方米的大棚准备 8 个高 30 厘米、上口内径为 25 厘米的塑料桶，不能用铁桶和玻璃等与酸发生反应的容器。桶中先装入 900 克水，然后将 300 毫升浓硫酸沿桶边慢慢倒入桶内，硫酸液面不能超过桶的 1/4。在小桶中倒入稀硫酸后，把 500 克碳酸氢铵用塑料袋包好并扎上 3 个小孔放入，以利于硫酸和碳酸氢铵发生化学反应和排出二氧化碳。最后把小桶在保护地摆放均匀，使二氧化碳在保护地内均匀分布。二是固体二氧化碳颗粒肥法。双微二氧化碳气肥是一种生物制剂，使用安全方便，只需将气肥在作物定植后埋施在土中 3 厘米处，每平方米用 1 克，不需任何装置，对环境无污染，对农作物无毒无害，施用量小，产气量大，投入成本低。双微二氧化碳气肥的有效产气期为施肥后的第三至第四十五天，最佳时间为第七至第三十天，进入产气末期，应于气肥施放的第三十五天进行第二次埋施。幼苗定植缓苗后即可开始施用，每 667 平方米施用量不应小于 6.7 千克。施后及产气期间应在埋施处适量浇水，使其保持足够湿度。

(3)注意事项 二氧化碳施肥时应注意以下 8 个事项：①要保证肥水充足供应。二氧化碳气体施肥后，虽然能促进冬瓜的生长发育，矿物质营养和水分必须由土壤提供。此外，由于二氧化碳气体施肥后，植株生长加快，对肥水的要求相应增多，所以施用二氧化碳的温室大棚必须加大肥水供应量，以防止脱肥和脱水。②温度偏低时不得施用二氧化碳。温度偏低时，不仅二氧化碳的利用率低，而且二氧化碳气体的浓度容易偏高，引起二氧化碳气体中毒。因此，当温室大棚温度低于15℃时，要停止施用二氧化碳。③温室大棚内光照过弱时不得施用二氧化碳。一般温室大棚内光照强度低于3 000勒时，不要进行二氧化碳施肥，以防止发生二氧化碳气体中毒。④温度偏高时，施用二氧化碳容易导致叶片老化，所以高温期(32℃以上)要缩短二氧化碳施肥时间。⑤每次施用二氧化碳时间不宜过长。一般每天上午日出后(或揭草帘后)施肥2小时为宜，放风前半小时停止施肥。⑥二氧化碳肥要长期施用才能有效果，不施用之前几天要逐渐减少用量，不要突然停止施用。⑦稀释硫酸和分装碳酸氢铵的操作要在保护地外进行，以免硫酸和氨气对冬瓜产生伤害。⑧当把装有碳酸氢铵的有孔塑料袋放入稀硫酸中无气泡发生时，说明硫酸已用完，可把碳酸氢铵取出，桶内液体为硫酸铵稀释液，可将此稀释液再稀释10倍做追肥用。

17. 保护地冬瓜越冬生产如何调节温湿度?

保护地冬瓜越冬生产的基础条件较好，具有适宜的肥水条件，在生产中的主要任务是调节好温度，降低湿度，创造有利于冬瓜生长而不利于病虫发生的环境条件，以达到提高产量和品质的目的。据统计，棚室内温度每提高2℃，湿度下降5%左右，光照强度增加10%，病菌特别是真菌可减少87%。生产中升温降湿、补光的主要措施如下。

(1)采用高垄大小行栽培模式 垄宽30厘米，垄高20厘米，两垄中间相距50厘米，冬瓜定植在垄中间，定植后大行距为80厘米，小行距为50厘米(图1-5)。在冬季采用这种模式生产，比平畦栽培增加了土壤接受光照的表面积，提高了土壤温度。同时，在冬季冬瓜生长量不大时，可从两垄中间的膜下浇水，可有效地防止水分散发到棚内，降低了棚内湿度。

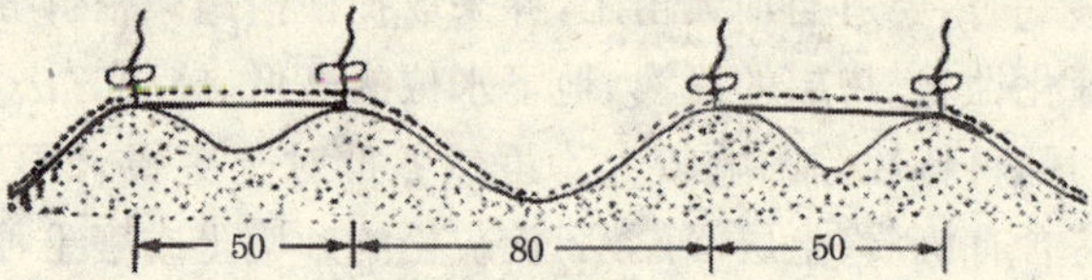

图 1-5　冬瓜高垄大小行栽培模式　（单位：厘米）

(2)科学放风　一天采取三段式变温管理，棚室内气体经过晚上分布，一般是水气在棚室的上部，这是因为水的容重小于空气的容重。在早上揭开草苫后，要通风 20～30 分钟，此期从温室内排出的气体成分大部分是水，可有效地降低棚室内的湿度；随后关闭通风口升温，当温度升高到 25℃时再进行通风，温度下降到 15℃时关闭通风口，并准备盖草苫。

(3)久阴骤晴后的管理　久阴骤晴后不要全部揭开草苫，最好先揭开 1/4 后，当冬瓜适应小通风后再全部揭开。冬季阴天不下雪时，可揭开草苫，因为紫外线照射可比不揭开草苫的棚室内的温度高。

(4)棚膜管理　要经常擦洗棚膜，使棚膜保持较强的透光率，以增加棚室内的光照强度。如使用的不是无滴膜，棚膜上露水多时，可定期喷豆粉 1 000 倍液，防止露水发生。

18. 冬瓜的需肥特点是什么？保护地冬瓜生产如何进行施肥管理？

(1)冬瓜根系的营养特性　冬瓜根系粗壮发达，吸收能力强。直播时主根入土深达 1～1.5 米以上，侧根在耕层内横向扩展范围是 1.7～2 米，而且易生不定根，对固定茎蔓、吸收养分和水分具有重要作用。根系生长快，木质化较早。因此，在育苗移栽时，要适当加大苗距，并采取护根措施。根群分布受土壤理化性状、耕层的深浅、地下水位的高低、施肥方法、施肥种类和肥料特性等影响较大。虽然冬瓜对土壤要求不严格，但以富含有机质、土层深厚、肥沃疏松的砂壤土或壤土种植为好，有利于获得高产优质。冬瓜耐旱不耐涝，要求排水良好的微酸性土壤，土壤 pH 为 5.5～7.6 均可。

(2)冬瓜需肥动态 冬瓜对肥水的吸收量较大，耐肥能力强。施肥应以有机肥为主，配合追施少量复合专用肥。虽然冬瓜整个生育期需肥量较大，但各生长阶段很不平衡。生长初期，营养体小，吸收力差，需肥量也较少。抽蔓期需肥量稍有增加，此期根系吸收以氮素为主。开花结果期是营养生长和生殖生长并进时期，既要保证茎叶生长，又要为开花结果提供充足营养，需要吸收大量的磷、钾营养，这也是冬瓜需肥的高峰期，此期持续时间较长。果实定型时，对肥料的吸收处于下降趋势。留瓜越多，需肥的高峰期越长。据测定，每生产 1 000千克冬瓜需氮 1～3.6 千克、磷 0.6～1.5 千克、钾 1.5～3 千克。氮的吸收高峰期在开花结果期，磷的吸收高峰期在种子发育期，钾的吸收高峰期在果实膨大期。冬瓜对氮肥形态要求不严格，但无公害冬瓜应少施氮素化肥，并要适量适期，以降低果实中硝态氮(NO_3-N)的含量。磷、钾肥对冬瓜的营养生长和生殖生长均有明显的效果。因此，在整个生育期中，应注意氮、磷、钾等元素的配合施用。

(3)科学施肥

一是重施基肥，冬瓜生长期较长，需肥量大，在定植前一定要施足基肥。每 667 平方米施腐熟有机肥 5 000～75 000

千克，饼肥 50～75 千克。若土壤肥力较低，还可增施氮磷钾复合肥 50～75 千克。撒施肥料后，深翻 25～30 厘米，耙细整平。

二是巧施追肥，壮秧催果。保护地冬春茬栽培冬瓜的追肥原则是前少后多。抽蔓前追肥量约占 30%，开花结果期占 75%。前期以有机氮肥为主，中后期配施适量磷、钾肥。定植缓苗期，主要是瓜苗新根生长期，茎叶徒长不明显，应保温促新根形成和生长。地温长期偏低时，轻者缓苗期延长，重者沤根死亡。

定植缓苗后(心叶展开)，稍降低温度，控制茎叶生长，以促根壮根，形成强大根系群为重点。浇过缓苗水后，控水蹲苗促进根系发育和开花结果。若基肥充足时，不必早追肥。一般在蔓长 1～2 米时，追施 1～2 次促蔓肥，每 667 平方米施稀粪尿 150 千克，第一瓜坐住后(冬瓜核桃大小时)，要及时浇水，并随水冲施腐熟稀饼肥液或沼气池肥 150 千克。翌年立春后，冬瓜进入结瓜盛期，植株生长较快，耗水耗肥量剧增。特别是第一瓜收获后，可每隔 7～10 天浇 1 次水，隔 1 次水随水冲施肥 1 次，每 667 平方米施三元复合肥 40～60 千克，或豆饼肥沤制液 500～750 升。根据植株长势，可喷施 0.2%～0.3%磷酸二氢钾或氨基酸类肥料，或 0.5%糖液。根外追肥可结合防病喷药进行。冬季应择晴天上午揭苫后 0.5～1 小时施二氧化碳气肥，浓度为 1 000～1 200 毫克/立方米，以提高光合强度，增加坐果率。在采收前 10～15 天，应停止肥水的施用，以减少瓜的含水量，增加耐贮性。

19. 越冬茬冬瓜深冬季节如何浇水？

(1)观察苗情浇水 看苗浇水就是根据作物外部形态表

现，来判断土壤水分的含量状况。冬瓜育苗期叶片发黄，出现沤根，一般是地温低，水分过大。叶色绿、根色白，胚轴下不定根发生正常，说明温、湿度适合。成株期，瓜秧深绿，叶片有光泽，绿而平，秧头舒展，卷须伸展卷曲适度，开花节位离生长点50～60 厘米，说明水分正常。龙头未展，叶包被较紧，开花节位距生长点 20～30 厘米，说明缺水。生长点紧缩，出现花打顶，卷须短瘦且提早卷曲，说明严重缺水。秧头抬起，卷须粗直，叶大而薄，开花节位距生长点 50～60 厘米以上，是水分过多的表现。

(2)按照生育阶段浇水 按不同生育期浇水是一般的规律。以冬瓜为例，在普浇底水的基础上，每株浇 1.5～2 升定植水，定植后 5～7 天浇透缓苗水。等田间约有 70%～80%的植株第一个瓜长到 10 厘米左右，瓜蒂发黑，瓜将迅速生长时再浇水。若墒情好，这时期的水可延长到第一个瓜采收之前再浇水。始瓜期植株矮小，叶面蒸腾量小，瓜数也少，通风量也小，一般每 5～7 天浇 1 水，必须行膜下轻浇。瓜迅速膨大期随着植株蒸腾量增大，通风量增大，一般 3～4 天浇一次水，并增大浇水量。末瓜期植株趋于衰老，应酌情减少浇水次数和浇水量。

(3)根据气候特点浇水 冬季温室一般要选择晴天浇水，浇后最好能有几个连续晴天。一天之中，冬季或早春浇水应放在上午，因为这时不仅水温和地温差距较小，地温容易恢复，而且还有充分的时间排湿。一般不宜在下午、傍晚，特别是阴雪天浇水，否则易造成棚内湿度过大，引起病害大发生；中午也不宜浇水，以免高温浇水影响根系生态功能。春末夏初应选在早晚浇水，这时天气炎热，温室可昼夜通风，以便降温。晴天由于容易升温可以适当多浇些水，而阴天可适当少浇或者不浇，风雪天不要浇水。

(4)使用先进技术浇水 就大棚温室冬瓜而言，高温高湿或低温高湿，都是造成病害发生和蔓延的一个重要原因，使用传统粗放的大水漫灌方式，既容易降温又增大湿度。如果改用膜下滴灌，即用地膜覆盖，膜下铺设滴灌管（或滴灌带），地膜覆盖不仅可以提高地温，改善近地光照，而且可以减少土壤水分蒸发，降低空气湿度，减少蔬菜病害大发生。同时要注意浇水的质量，冬季定植时宜用20℃～30℃的温水，平时水温则要求尽量与当地地温接近，一般使用井水灌溉最好，切忌使用河中或塘中冰冷的水。

20. 如何改善保护地冬瓜光照条件？

冬季棚室冬瓜生长的好坏，受光照条件的影响很大，而光照条件（性能）包括光照时数、光照强度、光质和光照分布等4个方面。为了实现棚室最大限度的透入光线，使设施内分布较均匀，受光面积最大，需做到以下8点。

(1)选择合理的棚型、结构 棚室热量来源于太阳光能，光照好则温度高。在我国北方，棚室坐北朝南，棚面呈拱形，采光面仰角要达到30°左右，最低不能小于25°，内跨8～12米，脊高3.6～4.2米。后墙厚度不少于100厘米，后屋顶可用水泥和各种保温材料复合制成，保温性能不应低于后墙。后屋顶不宜太宽，水平投影80～120厘米。

有条件的，采用钢架拱形无立柱等结构，既可减少遮光，又有利于棚内操作管理和农业机械的应用。安装电动卷帘机，可有效减轻劳动强度，延长棚内作物见光时间。

(2)选用消雾无滴膜 该膜不仅具备普通无滴膜的透光率、保温性、防老化及无滴性能，而且能使靠近棚膜空气中的水分吸附到膜的表面形成水滴向下流淌，从而防止和消除棚内的雾气。据试验，使用该膜，光照强度增加 20%～25%，棚室内地温和气温提高 2℃～3℃，室内湿度降低 10%～12%，同时减少了病害的发生。

(3)及时揭覆盖物 按温度指标及时揭盖不透明覆盖物，争取早见光、多见光。秋季及春、夏季加大通风面积，冬瓜棚通风面积不小于总面积的 15%～20%，既可调节温、湿度，又可让阳光直接射入棚内，改善光照条件。但切不可一次全部撤去薄膜，因剧烈变化的环境使作物无法适应，将影响产量和植株寿命。冬季在不明显影响温度的条件下，保温材料要适当早揭晚盖，以保采光面积，延长光照时间。

(4)保持棚膜清洁 一般新膜透光率可达 80%～88%，但覆盖一段时间后，由于污染和老化，透光率会发生变化。棚膜上的水滴、尘物对棚内光照影响很大。据观测，棚膜上附着一层水滴，可使透光率下降 20%～30%。新膜使用 2 天、10 天、15 天后，因沾染尘物可使棚内光照依次减弱 14%、25%、28%。因此，对棚膜上的水滴和尘物要经常打扫和清洗，下雪后要及时清除积雪，以增加透明度和进光量。棚室在日出后通风排湿半个小时，可减少膜面水珠，因此也能增加透光率。

(5)加强植株调整 实行吊蔓栽培。吊蔓使矮小植株直立，令其长旺；高大的植株弯曲呈“S”字形，令其生长减缓；通过绑蔓，使植株高度保持一致，叶片均匀分布，且由南向北逐渐增高。要及时打杈，摘除老叶、黄叶、病叶。当无叶蔓达到一定长度时，要适时落蔓，使植株始终保持在最适高度和最佳受光状态。保持尽量多的、光合效能强的叶片，使其长期处于最佳叶面积指数状态。

(6)张挂反光幕，改善光照条件 张挂反光幕是积极有效的措施。幕前0米处增光效果最好，较不挂反光幕的光照增强51.1%～81%，向南逐渐降低；1米处效果较好，增光28.8%～35.7%；2米处尚有效果，在1.9%～8.2%；3米处没有效果。高度上，距地面60厘米处增光效果最高，为66.7%～81.0%，高于地面11.6%～13.2%。阴天的增光效果高于晴天，0米处增光为69.34%～81%，1米处为26.7%～35.7%。据此得出，反光幕应挂在紧靠栽培畦处，否则最佳增光效果却是走道和水沟，达不到应起的作用。同时应采取上下活动式挂幕法，于晴天的中午和夜间卷起幕帘。中午光照强时，使后墙受光蓄热，夜间墙体向棚内放出热量。将反光幕于午前、午后和阴天光照较弱时垂下，反射光线，改善棚内光照条件。

另外，地面铺设银灰膜或铝箔，也能增加植株间光照强度，使果菜类冬瓜着色良好，并能防止下部叶片早衰。

(7)人工补光 深冬季节或在阳光不足的棚室内，人工补光尤为重要，但因投资大、费用高等因素，目前大面积推广尚有困难，可作为改善棚内光照条件的应急措施。具体要求：一是补光强度，以1 000～3 000勒为宜。二是光源，研究表明植物对红光和蓝紫光吸收能力最强，所以灯源以日光灯、碘钨灯、高压汞灯、弧氙气灯为好。灯源设置，40瓦的日光灯三根合一起，离苗45厘米高处照射，光照度为3 000～3 500勒；100瓦的高压汞灯离苗80厘米处，光照度为800～1 000勒。三是补光时间，冬季补光应在日出后进行。一般掌握每天2～3小时，棚内光强增大后停止；阴雨天可全天补光。

(8)运用压膜线压膜技术 压膜线压膜是指棚室盖上棚膜，四周固定后，在棚膜上面南北柱上用压膜线（每0.75～1米1根，膜前固定在锚上，北端固定在铁丝上）将棚膜压住，防止棚膜被风刮起，这样做具有保温性能好、减少棚内湿度、延长棚膜使用时间、增加透光率，促进光合作用等效果。

21. 保护地冬瓜连阴天时应采取哪些应对措施？

保护地冬瓜生产遇到连阴天后，首先是光照不足，进而是气温、地温持续下降以至发生低温冷害。连阴天后骤晴如果处理不当，往往会出现冬瓜萎蔫死亡现象。保护地冬瓜生产应对连阴天的措施如下。

(1)重视阴天期间对散射光的利用 连阴天虽然无直射光，但仍有散射光，散射光也可以增加产量。连阴天时，只要揭苫后气温不下降，或下降范围在 1℃～2℃以内，都要适时揭苫让冬瓜见光。可趁中午前后高温时辰让冬瓜见光 1～2 小时，至少应将棚前沿草苫卷起，多数情况下棚内温度还会上升 1℃～3℃。切不可连续数天不揭草苫。

(2)补充光照 如果连阴天持续时间比较长，会严重影响冬瓜的正常生长发育，这时就应考虑利用人工照明来补充光照。一般可采取在棚内悬挂生物效应灯的方法，既可补充光照，又能增加温度。具体方法参阅本书第 20 问。

(3)加强保温措施 连阴天没有直射光照射地面，土壤温度会持续下降，进而会引起冬瓜地上部枯萎死亡。因此，连阴天加强保温十分重要。一是增加草苫等棚外覆盖物，提倡双层草苫覆盖；也可晚间放苫后，在草苫上再覆盖一层塑料膜（即加盖浮膜），对阴天加雨雪天尤其适宜。二是在棚内架设天幕，进行二次覆盖。三是有条件的可适当增温，如用暖风炉加温。

(4)连阴后骤晴的处理 连阴天后骤晴突然揭开草苫常会出现植株急速萎蔫死亡现象。其处理方法是：早晨起来正常揭苫，并及时进行叶面喷药和追肥；9～10 时植株出现萎蔫现象时，将草苫放下；下午 2～3 时，再将草苫收起，让冬瓜见光；傍晚时适当早盖草苫，并加强夜间保温。一般经过 2～4 天的适应之后，即可进入正常管理。切记不可怕麻烦，更不能掉以轻心。

22. 日光温室冬瓜一年两茬种植包括哪些关键技术？

据寿光市洛城街道后邵村近年的种植实践，成功地实现了特早春茬和秋延迟茬一年两熟制，单茬每 667 平方米产量达 5 000～8 000 千克，每年每 667 平方米产值 2.5 万元以上。

(1)选择最佳播种期 第一茬在 1 月上中旬播种，播后要覆盖薄膜防寒；第二茬在 7 月底至 8 月初播种。

(2)催芽 瓜种在播种前必须先埋在湿细沙中催芽，力保出芽整齐。第一茬瓜种应在播种前 7 天开始催芽，第二茬瓜种应在播种前 2 天开始催芽。

(3)精细整地，合理密植 定植前翻耕多耙，耙碎耙平，并把杂物清除干净，然后起垄种植，大行距为 80 厘米，小行距为 50 厘米，株距 45 厘米，每 667 平方米定植 1 800～2 000 株。

(4)科学施肥 ①施足基肥。在整地起畦时，每 667 平方米施腐熟农家粪肥 1 000～1 500 千克，三元复合肥 10～15 千克，过磷酸钙 50 千克，开沟条施，覆盖薄土后播种。②巧施幼苗肥。在瓜苗长至 2～3 叶时，每 667 平方米用尿素 1.5～2 千克加三元复合肥 1.5 千克对水淋施，促瓜苗快长。③重施攻蔓攻瓜肥。在瓜苗长至 6～7 叶时，应重施攻蔓肥，每 667 平方米施花生麸 30～40 千克，猪粪 1 000 千克(花生麸与猪粪必须先混合沤熟)，硫酸钾 10～15 千克，苗弱的应加施尿素 5～10 千克。瓜苗长出小瓜时，应重施攻瓜肥，每 667 平方米施三元复合肥15千克，尿素5～10千克，硫酸钾7.5～10千克。瓜重达2～3千克时，用好生灵液喷洒1～2次。④根外追肥。在花蕾开放后，结合防治病虫害进行根外追肥，一般可喷施磷酸二氢钾、高美施988等微肥。

(5)搭架牵蔓，除芽留瓜 冬瓜瓜蔓长约2.5～3米，在瓜蔓长到1.5米左右时应开始搭架牵蔓。每株用3条篱竹按“品”字形搭成三角架，三角架中间再用一条较大的篱竹搭横架，使架与架之间连成一体，以利于瓜蔓攀爬生长。也可用吊绳吊架。

冬瓜靠主蔓结瓜，主蔓分枝能力强，侧芽较多，因此要及时摘除侧芽。瓜苗长到18～20叶时开花，开花时在上午9时前授粉。一般每条主蔓先留第一、第二个瓜，待瓜长到1千克左右时再视瓜的长势去弱留强，每株只留1个瓜，并把瓜用绳固定在架上。留瓜后待主蔓再长出12～15片叶时进行打顶。

(6)防治病虫害 瓜苗在幼苗期主要受立枯病、枯萎病、霜霉病等危害，可用克霜灵、乙磷铝锰锌、可杀得、代森锰锌等防治。虫害有潜叶蝇、菜青虫、黄守瓜、蓟马等，可用克蛾宝、农地乐等喷杀。

(7)收获 当瓜皮转为墨绿色、瓜叶落黄时即可收获，一般第一茬瓜在5月上旬、第二茬瓜在10月底至11月初成熟收获上市。

23. 冬瓜日光温室冬茬栽培有哪些关键技术?

日光温室冬茬栽培冬瓜，育苗期为9月下旬至10月上旬，如温、光条件较好，定植期为10月下旬至11月上旬，如温光条件逐渐变劣，大部分时间是处在严寒弱光的季节，技术难度较大，是获得生产成功的关键时期。此时主攻方向是增温保温，补充光照，采取保花保果及科学的管理方法，促进植株健壮生长，为丰产打下基础。从 2 月下旬以后温、光条件好转，也较适合冬瓜的生长，但由于整个生育期较长，主攻方向应是防病防衰，采取科学的管理办法，创造第二个、第三个产量高峰。

(1)品种选择 以选用小果型的长圆筒状冬瓜品种为佳，如绿春小冬瓜、北京一串铃、春早 1 号等早熟品种。

(2)对日光温室的要求 由于冬瓜对光要求较高，必须选用结构科学、保温性能好的节能型日光温室，室内极端最低温度不应低于 6℃。

(3)培育壮苗 采用营养钵护根育苗。一般苗龄在 40 天左右，3～4 片真叶时定植。本茬冬瓜育苗时的环境较好，有利于培育壮苗。

(4)整地定植 基于该茬冬瓜生长期长的特点，必须精细整地，应大量施入优质基肥。要求每 667 平方米施入腐熟优质基肥 6 000 千克以上，同时混合施入磷酸二铵 40 千克，过磷酸钙 100 千克。基肥先普施一半，另一半在播种前集中沟施。定植的密度为 75 厘米×40 厘米。采用大、小行定植并覆盖地膜，畦沟不盖膜，留做灌水追肥用。

(5)定植后的管理 定植初期要注意保温，以促进缓苗，结合通风和肥水管理，促进幼苗迅速健壮地生长和坐果。12 月底至 2 月上旬是外界温度最低的时期，关键是保温和改善光照条件，并结合各种措施促进坐果。要适当减少浇水，以免降低地温。可 15 天左右浇 1 次水，浇水要选连续晴天的上午进行。这一时期通风要减少，一般在中午通风，其目的不是降温，而是排去湿气和进行气体交换。2 月中下旬气温回升，要加强肥水管理，增加浇水以及施肥的次数和数量，由于没有昆虫传粉，为了促进坐果，必须进行人工授粉或采用激素处理。一般人工授粉比激素处理效果要好。人工授粉宜在9～10时进行，选当天开放的健壮雄花，撕去花瓣，将花药上的花粉涂抹到雌花花柱上，1朵雄花可授2朵雌花。如果雄花量不足，可用50～100毫克/千克2,4-D加入20毫克/千克赤霉素溶液涂抹花柱和柱头。

24. 日光温室小冬瓜早春茬栽培有哪些关键技术？

小冬瓜是冬瓜中小果型品种的统称。与大果型品种相比，小冬瓜雌花着生节位低，生育期短，早熟，非常适宜在日光温室内进行早熟栽培。在寿光市一般在12月下旬至翌年1月上旬播种育苗，2月中下旬定植。

(1)品种选择 日光温室小冬瓜早春茬栽培，可选用北京一串铃4号、山东1号、春早1号、绿宝小冬瓜、绿春小冬瓜等品种。

(2)育苗 采用常规营养钵育苗，抓好以下4个环节：①床土准备。②种子处理。将种子放入60℃热水中，不停搅拌，待水温降到28℃左右时，捞出放在0.3%高锰酸钾溶液中浸泡20分钟，捞出后用清水洗净种子，再放入25℃～30℃清水中浸泡8～12小时，种子出水后，用清水冲洗几遍，将种子表面的黏液、污物洗去，然后将种子表皮晾干，再用干净的湿纱布或湿毛巾包好，放在25℃～30℃的条件催芽。在催芽期间，每天将种子翻动1～2次，使种子堆内、堆外温度均匀一致。如果种子含水量降低，可每天用清水洗1次种子。经5～7天后，芽长0.1～0.3厘米时即可播种。③播种。将出芽的种子平放在吃足水且水已渗下的营养钵中，每钵1粒，播后覆盖2～3厘米厚的干细土。土上覆盖地膜，苗床上加小拱棚，拱棚上夜间加草苫保温。④苗期管理。一是撤地膜。当2/3的种子出苗时，及时撤去地膜。二是温度管理。白天保持22℃～30℃，夜间10℃～15℃。播种后出苗前，温度适当高些，白天保持30℃左右，夜间不低于13℃；定植前，温度适当降低，白天保持22℃～26℃，夜间10℃～13℃。三是水分管理。除了将播种水浇透外，在苗期土壤不特别干时则不需浇水。当土壤保水性差、土壤干旱时，可以浇水，但浇水量不能太大，浇水后要及时松土，以便通气保墒。

(3)定植前的准备 前茬蔬菜拉秧后，彻底清除残株杂草。每667平方米施优质腐熟鸡粪2 000～3 000千克，过磷酸钙50～100千克，磷酸二铵20～30千克，硫酸钾10～20千克，硫酸锌0.5千克。以上肥料2/3做铺施，1/3做开沟时沟施。铺施肥料后，深翻土壤30厘米，然后耙细、整平。前茬作物为瓜类蔬菜的温室，每667平方米可加施70%甲基托布津可湿性粉剂或64%杀毒矾可湿性粉剂1千克，对细土撒匀或对水喷洒地面，然后深翻、耙细、整平。按大行距80厘米、小行距50厘米开15厘米深的沟，沟内施肥，沟上起垄，垄高15～20厘米，准备定植。

(4)定植 一般播种后40天左右，幼苗具3叶1心时，选择晴天上午定植。垄上按35～40厘米开穴，每穴中点施磷酸二氢钾5克，将幼苗去掉营养钵，带坨放入穴中，然后浇水，水渗下后2～3小时封垄。封垄后在小沟内浇水，以利于缓苗。

(5)定植后的管理

一是肥水管理。在定植水浇足的情况下，从小冬瓜缓苗后直到开花坐果前一般不需浇水，如确实需要浇水，也应浇小水，且浇水后要及时通风排湿，浇水应选择在晴天上午进行。第一朵雌花开放前后切忌浇水，以免引起化瓜。当第一个小冬瓜坐住并迅速膨大时，要及时浇“催瓜水”。这次浇水后，要使土壤经常保持见干见湿的状态，每隔 10～15 天浇水 1 次，每 667 平方米每次浇水随水冲施三元复合肥 5～10 千克。冬瓜近成熟时，适当控水。

二是温度管理。①定植后缓苗前一般不通风，使温室内保持较高的温度，以促进缓苗。如果在缓苗期遇上阳光充足的高温天气，中午秧苗易萎蔫，这是由于刚定植，根吸收能力差，而地上部通过茎叶向外蒸腾的水量增加，致使植株出现生理干旱现象。如果植株萎蔫现象比较严重，可把温室上的草苫隔 1 张盖 1 张，萎蔫状消失后，再把草苫全部卷起。第二天中午如再出现类似现象，则再进行遮阳处理，直到消失萎蔫状为止。②缓苗后要将白天温度控制在 27℃～30℃，夜间 15℃左右。一定要保持棚面清洁，有条件的还要在温室后墙张挂反光幕，以提高温室内的温度。③坐果后要适时早揭晚盖草苫，延长光照时间，并保证光合作用所需的温度，白天保持 28℃～30℃，夜间 15℃～18℃。进入 4 月份后，气温升高，要加大放风量，并延长放风时间。

三是植株调整。小冬瓜采取吊蔓方式，只留主蔓，不留侧蔓；根据市场情况，可留 2～3 个瓜，也可多留瓜，在最上部的瓜坐住后，可留 5～6 叶摘心。吊蔓时，每株用 1 根尼龙绳，上端固定在温室的骨架或铁丝上，下端轻轻绑在植株茎基部，将瓜秧缠绕在绳上，以后每 2 天检查 1 次，发现龙头下垂时，要及时扶上吊绳。为提高坐果率，开花期每天 9～10 时进行人工授粉，将当天开放的雄花摘下，往雌花的柱头上轻轻抹一下即可，1 朵雄花可涂抹 2～3 朵雌花。当冬瓜重量达到150～200 克时，用网兜或塑料绳吊瓜，吊瓜高度要比瓜着生的茎节节位稍高，以防瓜大扯秧。

25. 温室冬瓜早春茬有机生态型无土栽培的关键技术是什么？

(1)有机生态型无土栽培设施

一是栽培槽。栽培槽用 24 厘米×12 厘米×5 厘米的标准红砖建造，槽内径 48 厘米、高 15 厘米、长依棚而定，南北走向，槽间距 60 厘米，槽底部铺一层 0.1 毫米厚的聚乙烯膜，以防止土壤病虫害传播。

二是栽培基质。有机基质可供选用的有菇渣、木屑、玉米秸秆、玉米芯、向日葵秆、酒糟等；无机基质有河沙、炉渣、珍珠岩等。有机基质经高温发酵消毒后需与无机基质按一定配比混合。寿光市采用有机基质与无机基质的比例为 6∶4，混合基质按每立方米加入消毒鸡粪 10 千克＋硫酸钾 1.5 千克＋稳得高 301 活性肥 1.8 千克，混匀后填槽，以装满槽为宜。每茬冬瓜收获后进行基质消毒，基质一般可使用 3～5 年。

三是灌溉设施。安装自来水设施或在地面上建 1.5 立方米高的蓄水池，每个栽培槽铺 2 根滴灌管或 1 根滴灌带。

(2)有机生态无土栽培的育苗 ①品种选择。选择耐低温、弱光、早熟、抗病、丰产的品种，寿光市选用绿春小冬瓜、一串铃 4 号等小型冬瓜。②茬口安排。12 月 10 日前后育苗，翌年 1 月中旬定植，4 月上旬大量上市。③浸种催芽。先将精选好的种子用清水浸 2～3 小时，取出待种壳稍晾干后再放入福尔马林 100 倍液中浸 30 分钟，取出后用清水冲洗干净，再用 30℃清水浸泡 12～16 小时。当剖开种子见其内部无干心，两片子叶已分离可进行催芽，用湿毛巾包好种子，放在 30℃～35℃条件下催芽，每天用 30℃清水淘洗 2 次，3 天可出芽。也可用温汤浸种法进行种子处理，将精选好的种子放入5倍于种子体积的60℃热水中，用玻璃棒不断搅拌至水温降至30℃左右，搓洗净种子表皮的黏质物，用清水浸泡12～16小时后，在30℃～35℃条件下催芽。④播种及管理。采用50孔穴盘进行人工无土育苗，种子播深1.5厘米，浇透水，置于28℃～30℃的环境温度下育苗（为确保苗的质量，在设施条件比较差的地方，一般采用电热温床育苗）。出苗后白天温度控制在25℃左右，夜温17℃左右。待苗长到3叶1心时开始喷叶面肥，叶面肥以0.2%磷酸二氢钾溶液为好，每7天喷1次。

(3)有机生态型无土栽培管理

一是定植。在幼苗具4叶1心时定植，选用无病虫、大小一致、健壮的幼苗，采用双行错位定植，行株距70厘米，植株基部距槽边10厘米，基质略高于苗坨。

二是定植后管理。①温度和光照管理。冬瓜是喜温蔬菜，但不同生育期对温度要求不同，苗期白天温度控制在23℃～27℃，夜间在15℃～18℃，有利于促根壮秧，促进雌花的提早发育。坐瓜期白天温度控制在25℃～27℃，夜间在15℃～18℃，有利于促进果实的发育。冬瓜属短日照作物，但大多数品种对光照要求不严格，所以栽培过程中，在选择适当的栽培密度的前提下，帘子应早揭晚盖，勤擦洗棚膜，尽可能延长光照时间。②肥水管理。冬瓜浇水和追肥应遵循作物生长发育的需求规律和天气情况而定，尽可能满足苗期每天每株1升的需水量，结果期每天每株1.5升的需水量。追肥在定植后20天开始，此后按植株长势及需肥情况，每10天追肥1次。开花前，按每株追施有机生态专用肥15克，硫酸钾5克；坐瓜期，每株追施有机生态专用肥25克，硫酸钾10克；肥料均匀撒在距根部5厘米外的基质表面，并结合喷施叶面肥补充微肥，在瓜膨大期喷2次巨能钙肥，采收前1个月停止追肥。③植株调整与授粉。有机生态栽培冬瓜采用单干整枝，在主蔓上坐瓜，根据冬瓜品种特性进行栽培和合理留瓜，从第二朵雌花开始坐瓜，比较集中的位置在第九至第十七节之间，1株留1瓜，及时摘除侧枝、老叶和病叶。冬瓜因雄花较多，一般采用花期人工辅助授粉的措施。若用激素蘸花，一般用50～100毫克/千克2,4-D加20毫克/千克赤霉素混合液涂抹花托和柱头，温度低时采用上限，温度高时采用下限。

三是病虫害防治。以生态防治为主，其他防治为辅：在无病虫源的良好条件下育苗；定植前高温闷棚，彻底消灭室内病虫源；通风口及缓冲间设置防虫网，室内张挂黄色板条诱杀蚜虫；在每隔几个栽培槽间种植害虫喜食的作物，集中消灭害虫。

四是采收。采收要适时，一般情况下根据瓜的外表特征决定采收时间，青皮冬瓜皮上茸毛逐渐减少、稀疏，皮色由青绿转为黄绿或深绿；粉皮冬瓜皮上出现白色粉状物为最佳采收时期。为了延长贮运时间，一定要带瓜柄采收。

三、冬瓜优良品种及栽培要点

26. 绿春小冬瓜的品种特性及栽培技术要点是什么？

该品种由天津市蔬菜研究所选育。

(1)特征特性 为主蔓结瓜类型。主蔓第四至第七节着生第一朵雌花，以后2～4节着生一朵雌花或连续着生雌花。瓜圆柱形，长27厘米，横径12厘米。果皮青绿色，具茸毛和光泽，有绿白斑点。早熟，抗病性强，品质好。一般商品瓜重1.5～2.5千克，每667平方米产量5 000千克左右。适于保护地、春露地及秋季栽培。

(2)栽培要点

一是栽培方式。冬茬栽培的育苗期为9～10月份，定植期为10～11月份。大小畦定植，大畦宽120～150厘米，小畦宽60～80厘米。定植时株距40厘米，每667平方米栽1 800株左右。

二是环境调控。播后苗床温度及定植后棚室白天温度保持20℃～25℃，夜间12℃～15℃；经5～7天缓苗后，白天棚温保持25℃～30℃，夜间12℃～15℃；进入开花结果期后，天气逐渐转冷，白天棚温保持28℃～30℃，夜间12℃～16℃。

三是肥水管理。定植前每667平方米施腐熟有机肥4 000千克，磷酸二铵25～30千克，尿素20～25千克，硫酸钾30千克做基肥。定植后2～3天可浇稀薄腐熟人、畜粪尿，7～10天后追肥1次，每667平方米追施尿素15千克。开花坐果前适当浇水，以利于雌花形成。坐瓜后要及时浇水追肥，每10～15天浇水1次，保持地面见湿不见干。每次浇水后每667平方米施尿素5千克。如磷、钾底肥不足的，可适当随水追施。初花期后，要注意增施二氧化碳气肥。

四是植株调整。冬瓜上架前在地面生长，进行盘蔓、压蔓。盘蔓时使龙头调整一致，生长趋向整齐，主蔓7叶期开始绑蔓上架。注意不能让主蔓一次爬到棚顶，待龙头长到接近棚顶时进行人工落蔓，落下的茎蔓要均匀有序地绕在地面。大棚冬瓜一般采取主蔓留瓜，而且留第二朵雌花结的瓜。实行多行单干整枝，及时去掉侧蔓和花、果。落在地面的叶片以及下部老叶要及时清除，以利于通风透气，减轻病虫危害。冬瓜长大后要进行吊瓜。

进行人工授粉可以早结瓜，同时防止化瓜。在上午9时前后，选刚开放的雄花，将花粉抹在雌花柱头上，进行花对花授粉。

五是病虫害防治。主要病害为疫病，可于发病初期喷洒80%代森锌700倍液，每隔7～10天喷1次，连喷2～4次。此外，对白粉病可用粉锈宁、多菌灵、百菌清等药物防治。虫害主要有蚜虫、白粉虱，可用80%敌敌畏暗火烟熏或用天王星烟雾剂熏杀。

27. 春早1号的品种特性及栽培技术要点是什么?

该品种由江苏省农业科学院蔬菜研究所培育。

(1)特征特性 属极早熟一代杂交小型冬瓜品种。耐寒，抗病。肉质佳，皮青绿色，略有浅色梅花状斑点。第一朵雌花在主蔓的第六至第十节位。瓜圆柱形，一般长20～30厘米，直径10～15厘米，单瓜重1.5～2.5千克。每667平方米产量5000千克以上。适合全国种植，是春季早熟栽培以及日光温室反季节栽培的最佳品种。

(2)栽培要点

一是栽培方式。山东省在利用保温性能稍差的日光温室栽培时，一般于12月至翌年1月上旬在温室中育苗，1月中下旬至2月中旬定植，4月初即可采收上市。小高垄栽培，垄距70～80厘米，株距50厘米，每667平方米栽1800株左右。

二是环境调控。缓苗期白天温度控制在25℃～28℃，夜间控制在13℃～16℃；花期白天温度控制在30℃～33℃，夜间15℃，短时间内也不得低于10℃。

三是肥水管理。冬瓜的生育期较长，根系的吸收能力很强，在肥水管理上要重施基肥、分期合理追肥。一般每667平方米施厩肥或堆肥2 500～3 000千克、复合肥或复混肥40千克做基肥，施用后与土充分拌匀。追肥原则为前轻后重、前淡后浓，苗期以淡粪水为主，加施尿素5千克或三元复合肥10千克。开花期追施较浓粪水，加施三元复合肥10～15千克。当第一个瓜坐稳后(重达1千克左右时)，猛攻肥水，每667平方米加施三元复合肥20千克，在结果中期施用追肥后就可不再追肥。

四是植株调整。坐瓜前摘除所有侧蔓，采用主蔓结瓜；当第一个瓜采收后，既可以采用主蔓结瓜，也可留2～3个侧蔓结瓜。为提高坐果率，应进行人工辅助授粉，花期可用100毫克/千克2,4-D溶液保花保果。当瓜坐稳后，一定要牵引至矮架将瓜吊起来。

五是病虫害防治。病害主要有枯萎病和疫病。应按照无害化生产要求，采用综合防治的方法；实行3年以上轮作；配方施肥，不偏施氮肥；合理进行化学防治。对枯萎病宜先用25%克枯星300～400倍液、50%灭菌威(消菌灵)800～1 000倍液等药剂灌根；对疫病选用50%瑞毒霉锰锌800～1 000倍液、64%杀毒矾1 000倍液、77%可杀得1 000～1 200倍液等药剂交替喷雾。虫害主要有黄守瓜、蚜虫、红蜘蛛等，宜选用25%敌百虫油剂1 000倍液、2.5%溴氰菊酯乳油2 000倍液、70%艾美乐水分散粒剂2 500～3 000倍液、1.8集琦虫螨克乳油2 000倍液等杀虫剂或杀螨剂喷雾防治。

28. 绿宝小冬瓜的品种特性及栽培技术要点是什么?

该品种为山西运城地区蔬菜良种技术推广中心育成的早熟小型冬瓜一代杂交种。

(1)特征特性 主蔓第四至第七节着生第一朵雌花，以后每隔 2～4 节着生 1 朵雌花或连续 4～5 节着生雌花。单株可结瓜 3～6 个。瓜长椭圆形，长 28 厘米左右，横径 12 厘米左右，一般商品嫩瓜单瓜重 1 500～2 500 克。瓜皮青绿色，无白粉霜，具光泽，有绿白斑点。瓜肉白，品质细嫩，商品性好。比普通冬瓜早熟品种早上市 20～30 天。苗龄期 40 天左右。适于全国南北各地春露地栽培、保护地早熟栽培和冬暖棚室保护地反季节栽培。

(2)栽培要点

一是栽培方式。冬春栽培，9 月下旬至 10 月上旬播种育苗，10 月下旬至 11 月上旬定植。采用大小行定植并覆盖地膜。定植的密度为 75 厘米×40 厘米，每 667 平方米定植 2 200株左右。

二是环境调控。苗期白天温度控制在 25℃～28℃，夜间控制在 13℃～16℃；花期白天温度控制在 30℃～33℃，夜间不得低于 15℃；否则，会影响授粉坐果。

三是肥水管理。定植前每 667 平方米施腐熟有机肥 4 000～5 000 千克，过磷酸钙 50 千克，硫酸钾 15 千克。定植后，用稀薄粪水浇施 2～3 次，促其快长。伸蔓期浇 1 次透水。坐果期，当果实长到如拳头大小时，追施坐果肥 1 次，每 667 平方米施尿素 15 千克，可随水膜下渗灌。

四是植株调整。定植后 25～30 天即可理蔓上架，用吊绳吊架，上架后按每 20～30 厘米用绳绑蔓 1 次；结合绑蔓去掉侧枝、卷须和多余的雌花。每株可留果 2～3 个，以增加产量。一般第一瓜多发育不良，大多选留第二个瓜胎及以上的瓜。为提高坐果率，可采用人工授粉。花期可用 100 毫克/千克 2,4-D 溶液防止落花落果。大瓜应实行吊瓜。

五是病虫害防治。如发生白粉病、炭疽病，可用 70%甲基托布津可湿性粉剂 800～1 000 倍液防治；对枯萎病可用 50%多菌灵 1 000 倍液防治。如发生蚜虫，可用 10%一遍净 2 000倍液防治。

29. 山农 1 号的品种特性及栽培技术要点是什么？

该品种是山东农业大学园艺科学与工程学院配制的一代杂种。

(1)特征特性 植株蔓生，蔓长 2.2～2.5 厘米，生长势中等，分枝力中等，掌状叶。雌雄同株异花。主蔓第五至第八叶节着生第一朵雌花，有些植株可连续结瓜。采收嫩瓜时，一般可单株采瓜 4～7 个，单株产量 2.5～3 千克。瓜短圆筒形，少斑点，被茸毛。嫩瓜绿色，横径 5～7 厘米，长 15～20 厘米，肉厚 0.5 厘米；老熟瓜灰绿色，具轻蜡粉，横径 15～25 厘米，长 30～40 厘米，肉厚 1.5～2 厘米。单瓜重 2～3 千克。耐热，较耐寒，不耐涝。抗霜霉病，耐疫病。早熟，北方春季定植后 50～60 天可采收嫩瓜，每 667 平方米产量 3 000～3 500 千克；定植后 90 天左右可采收老熟瓜，每 667 平方米产量 7 500～1 0000千克。

(2)栽培要点

一是栽培方式。特早春栽培，12 月下旬至翌年 1 月上旬播种育苗，2 月中下旬定植。营养穴盘育苗。瓜苗长至 3 叶 1 心时定植，苗龄 50～55 天。高垄栽培，株行距 45 厘米×80 厘米，每 667 平方米定植 1 800 株左右。

二是环境调控。适当早揭晚盖草苫。清除棚膜上的尘土，保持薄膜清洁透光良好。在后墙面张挂镀铝反光幕，增加栽培田面的光照；减少通风时间、通风量；遇寒流阴雪天气，夜间在盖草苫后，再覆盖一层整体塑膜，加强保温，有条件的早、晚可在棚内开补光灯(农艺钠灯)。通过以上措施使棚内每日光照时间保持8.5～9.5小时以上，昼温20℃～32℃，夜温14℃～18℃，短时间绝对最低气温(凌晨)不低于8℃。阴雪天气时，棚内昼温保持在18℃～25℃。为了保温，在减少放风时间和通风量的情况下，棚内白天空气相对湿度可以保持在75%～85%，夜间保持85%～95%。

三是肥水管理。每667平方米施腐熟猪牛粪500～600千克，或三元复合肥50千克，过磷酸钙30千克，钾肥20千克做基肥，并结合整畦采用开沟深层施肥。植株生长快，苗期短，为防止徒长，苗期一般不追肥，可到盛瓜期再追肥。当80%以上植株都坐有1～2个瓜时，每667平方米可追施三元复合肥20千克，如叶片变小、变黄，节间短缩，可增加追施尿素15千克。以后每采收1～2次追肥1次。采用液肥淋施较有利于植株吸收。后期结合喷药可喷施适量磷酸二氢钾、高美施、农乐宝等叶面肥，以补充养分和微量元素，防止早衰。

四是植株调整。当瓜苗长到高约25厘米并具有卷须时，开始搭架引蔓，多采用吊绳吊架。主侧蔓均可结瓜。前期以主蔓结瓜为主，结瓜前应摘除全部侧蔓，以保证主蔓结瓜。如以采收嫩瓜为主，待主蔓第一个瓜坐住后，可选留两条侧蔓，每侧蔓留1个瓜摘心。主蔓可任其生长，连续结瓜。开花后7～10天，可采收0.25～0.5千克的嫩瓜。老熟瓜可待瓜皮具光泽、无茸毛、生理完熟后采收。

五是病虫害防治。病虫害为疫病、炭疽病、病毒病、蚜虫等。防疫病，可用30%DT 500倍液或10%多抗霉素1 000倍液喷雾；防炭疽病，可用井冈霉素1 000倍液或铜铵合剂400～600倍液防治；防病毒病，可用20%病毒A500～600倍液或病毒 A 600 倍液+高锰酸钾 1 200 倍液灌根，每株 250～500 毫升；防蚜虫可用 10%阿维菌素 3 000 倍液或尿洗合剂溶液(尿素 1 份、洗衣粉 4 份、水 400 份)，每 667 平方米用这两种溶液30～40 升，防效较好。

30. 穗小 1 号冬瓜的品种特性及栽培技术要点是什么?

该品种由广州市白云区蔬菜研究所选育。

(1)特征特性 属小型冬瓜品种。生长势强，抗病性、抗逆性强。早熟，第一朵雌花出现在第七至第九节。结果力强，瓜皮墨绿色中略带白花点，瓜短圆柱形，头尾均匀，外观好。瓜长 28.6 厘米，横径 17.5 厘米，肉厚 4 厘米，单瓜重 2.5～4 千克。质感粉、甜。平均每 667 平方米产量 4 200 千克以上。

(2)栽培要点

一是栽培方式。早春栽培，12 月下旬至翌年 1 月上旬播种育苗，2 月中下旬定植。冬春栽培，9 月下旬至 10 月上旬播种育苗，10 月下旬至 11 月上旬定植。营养穴盘育苗。定植行株距为 85 厘米×30～35 厘米，双行种植，每 667 平方米定植 2 500 株。

二是环境调控。苗床昼温保持 20℃～25℃，夜温保持 10℃～15℃。定植后闭棚增温，促进缓苗。5～7 天后瓜苗心叶开始生长，缓苗结束，昼温保持 25℃～28℃，夜温 12℃～18℃。进入开花结果期，昼温 25℃～30℃，上半夜 16℃左右，下半夜 12℃左右。若遇严重降温天气，棚内夜温偏低时，应采取临时加温措施，使夜间最低气温不低于 8℃。

三是肥水管理。每 667 平方米施基肥 4 000～5 000 千克。苗期至雌花出现前需控制肥水，待出现瓜后及时增施磷、钾肥，盛果期可追速效氮肥。保护地栽培冬瓜生长季节短，必须在真叶展开后追肥，以促早发快发。一般每次每667平方米追施尿素10～15千克或三元复合肥40千克。冬瓜每采收1～2次追1次三元复合肥。在抽蔓期以前，需要水分少，开花结果以后需要水分较多，应经常保持土壤湿润。

四是植株调整。当苗长到25厘米、有卷须时，开始搭架用吊绳引蔓。棚栽冬瓜以主蔓结瓜为主。在高密度条件下，要摘除所有侧枝。当第二朵雌花结的瓜坐稳后，可在瓜的前面留1～2个侧枝，以保证每株结2～3个瓜。冬瓜雌花率低，每隔3～5节发生一朵雌花，为保证坐瓜整齐一致，采取人工辅助授粉以促进坐瓜。8～11时采下刚开放的雄花，除去花冠，将花粉轻抹在雌花柱头上。1朵雄花可供2～3朵雌花授粉。

五是病虫害防治。主要病虫害的种类和防治方法参阅本书第29问。

31. 特选黑皮冬瓜的品种特性及栽培技术要点是什么?

(1)特征特性 该品种系海南省农业科学院瓜菜研究所选育的优良黑皮冬瓜品种。蔓长450～500厘米，叶长19厘米，宽28厘米，深绿色。主蔓第十一至第十八节着生第一朵雌花或连续多节着生雌花。果实长圆柱形，长41厘米，横径25厘米，瓜皮墨绿色，肉厚6.5厘米，白色。单瓜重13～15千克。种子边缘无棱，黄白色。晚熟，侧蔓多。肉质致密，耐贮运。味清淡，品质优。每667平方米产量4 000～6 000千克。

(2)栽培要点 ①播期、规格。在北方适合露地栽培，4月下旬至5月上旬播种。每667平方米用种量80～100克。单行植，畦宽150～160厘米(含沟)，株行距65厘米×150厘米，每 667 平方米栽植 650 株左右。②土壤。要求土层深厚、疏松、肥沃、排灌方便的土壤。③育苗。营养土用过筛无病虫田园土、腐熟农家肥、草木灰或椰糠按 6∶2∶2 配制，每立方营养土用 50%多菌灵 250 克拌匀消毒，加入 1 千克三元复合肥混匀。种子处理，先用清水洗净种子，然后置于 55℃恒温水浸种 15 分钟，再用清水浸种 10 小时，捞出放入 10%磷酸三钠溶液中浸泡 20 分钟，再捞出洗净，至少冲洗 3 次。把种子置于 28℃～30℃恒温条件下催芽至种子露白。有条件的可用培养箱育苗。将配制好的营养土装入 50 或 54 孔的育苗盘内，把露白种子两粒平推入穴孔至 1～1.5 厘米，覆上薄土，轻压，后浇足底水至湿润。育苗期间注意温度、光照、水分的调控。待幼苗具 2 叶 1 心时可移植。④田间管理。定植前施足基肥，一般每 667 平方米施农家肥 2 000 千克，豆饼 50 千克，过磷酸钙 40 千克，经堆沤拌匀，加入三元复合肥 30～40 千克，尿素 10 千克，取 2/3 与土壤充分混匀，深翻后做畦；1/3 用于沟施，覆上地膜。黑皮冬瓜对肥水需要量大。一般追施 4 次三元复合肥：开花前 1 周施 1 次，瓜重 1.5 千克左右施一次，每 667 平方米用 30 千克；以后每隔 10 天追施 1 次，共施 2 次，每 667 平方米施 15～20 千克。及时搭人字架进行整蔓，只留主蔓，摘除全部侧蔓，主蔓第二十二节前后留 1 个好瓜即可。进行人工授粉，在晴天 8～10 时授粉为宜。

32. 一串铃 4 号冬瓜的品种特性及栽培技术要点是什么？

(1)品种特性　该品种由中国农业科学院蔬菜花卉研究所育成。早熟品种，生长势中等。叶片掌状，节间较短，第一雌花着生于主蔓第七至第九节，隔2～4片叶见瓜，有连续出现雌花的现象。侧蔓也可结实，第二、第三节后出现雌花。瓜高桩形，底部略大，瓜面被有白粉。商品性好，单瓜重1～2千克。每667平方米产量3000千克左右。生长期90～120天，从定植至始收40～55天。适宜于保护地及露地早熟栽培。

(2)栽培技术要点

一是播种育苗。保护地冬瓜育苗一般在10月下旬至11月上旬播种。在阳畦或塑料棚内做1.2米宽的平畦。最好用口径10厘米的营养钵，内装常规培养土。或在平畦内每平方米施腐熟马粪或混合粪10～15千克，加草木灰200～300克掺匀做营养土。浸种催芽。冬瓜种子皮厚，发芽困难。一般先用50℃～55℃温水搅拌烫种20～30分钟，温度降到35℃左右时浸种20～24小时，然后冲洗干净，用干净湿布包好，放在30℃处催芽。催芽过程中要定期检查温、湿度及通气状况，当种子胚根伸出种皮1毫米时，定期挑出，放冷凉处(15℃以下)待播。选晴天上午先对营养钵或畦浇足底水。钵播时，每钵1粒发芽种子，随即盖培养土1.5厘米厚。平畦播种，在浇水渗下后，按10厘米见方划格印，每格播1粒发芽种子，盖土1.5厘米厚。播种后最好在钵或平畦上覆盖地膜，至出苗前保持白天苗床温度为28℃～30℃，夜间15℃～20℃，幼芽顶土时去掉地膜。子叶展平后降温3℃～4℃，缺水时及时补水，但不能浇大水。并注意增加光照和病虫害的防治。定植前7～8天给予露地条件炼苗。

二是整地起垄。保护地冬瓜栽培要结合深翻土地，每667平方米施基肥6000千克以上，同时施用过磷酸钙200千克。耙平后做垄，垄宽30厘米，高20厘米。冬瓜苗龄以40～50天，具3～4片真叶为宜。每垄栽1行，大行距0.8米，小行距 0.5 米，株距 40～60 厘米，挖穴定植，深度与原苗坨平。也可先开沟，灌水稳苗。

三是田间管理。定植时要浇足定植水，7～8 天后再浇 1 次缓苗水，直至甩蔓时期，不旱不浇。甩蔓后盘条压蔓时需浇水，结合浇水追肥 1 次，每 667 平方米追施硫酸铵 10～15 千克。坐瓜期间，再次控水。坐瓜后开始增加灌水次数及灌水量，同时追催瓜肥，每 667 平方米追施硫酸铵 20 千克。冬瓜进入甩蔓期后，茎蔓生长加速，要及时地吊蔓、绑蔓，并根据植株长势进行打杈、摘心。进入开花结果期后，要应用雌、雄花异花授粉或 2,4-D 点花等人工授粉方法，以提高坐瓜率。

四是病虫害防治。冬瓜在生育期内可发生线虫病、白粉病、绵疫病和白粉虱等病虫害。对线虫病可用 1.8%阿维菌素 3 000 倍液灌根防治，对白粉病用 43%好力克悬浮剂 3 000～4 000 倍液喷雾防治，对绵疫病用 40%乙磷铝可湿性粉剂 300 倍液喷雾防治，对白粉虱用 10%吡虫啉可湿性粉剂 1 500 倍液喷雾防治。

四、冬瓜病虫害防治

33. 什么是保护地冬瓜病害综合诊断技术？

冬瓜发生病害后，如何及时、正确地诊断出具体病害，是广大菜农需要认真对待的一个问题，只有正确地诊断出病害的类别，才能对症下药，做到少走弯路，将损失减少到最低限度。

诊断一种病害时，应从病害的表现症状和病原菌的表现形式入手。如果不是典型的症状，很难判断时，就要从综合因素来分析考虑，如从播种时间、条件、温度和湿度、天气情况、打药施肥等来判断是哪一类病害，即是侵染性病害还是非侵染性病害。如果判断为非侵染性病害（即生理性病害），还要在田间认真仔细地观察，是外力造成的病害，如药害、日烧、气体中毒、低温、肥害、湿度过大等造成的，还是缺少某种微量元素造成的病害。如氮肥施用过量，造成其他元素的拮抗，连年重茬造成的缺锌、缺钾、缺钙等。特别是近几年由于保护地连年重茬、大量施用化肥及未腐熟的农家肥料等，造成生理病害有连年上升的趋势。一般非侵染性病害没有中心病株，即没有连片发生的过程，只要我们诊断正确，及时防治一般都不会造成大的危害。

如果诊断是侵染性病害（即病原物病害），还要根据病害症状、病原物的表现形式来具体区分是否是真菌性病害、细菌性病害、病毒性病害、线虫性病害等。由病原菌引起的病害，一般发病表现是从点到面，最后蔓延全田。其发病有一个逐渐变化的过程，即由轻到重的过程。冬瓜生病后自身会表现出不正常的状态，我们将其称为病状；在冬瓜生病的部位，病原菌（主要是真菌和细菌）本身表现出来的特异性，将其称为病症。认识和掌握病状和病症是我们正确诊断冬瓜病害的有效方法。

(1)病状　常见的病状可归纳为以下 4 种表现形式：①变色。主要是病原物侵入菜体后菜体细胞内叶绿素发生变化，细胞不死亡。主要发生在叶片上，也有发生在花瓣上的，如植株发生花叶、黄化、褐化及花瓣变绿，叶脉变红褐等。变色多与病毒病和缺素症及气体中毒有关。②坏死和腐烂。这是病原物侵入菜体后，菜体细胞和组织死亡所造成的病变，如坏死斑点或斑区、穿孔、干枯、腐烂、猝倒、立枯等。③萎蔫。病原物侵入菜体后，使冬瓜植株的局部或全株失水，丧失膨压，使叶片萎蔫下垂，主要是菜体的根或茎的维管束组织遭到病原物的破坏或毒害，影响水分向上输送而引起的。根或主茎的维管束被害，引起全株萎蔫；侧枝或叶柄维管束受害，则引起局部性萎蔫。萎蔫症包括青枯、枯萎、黄萎3种。④畸形。病原物侵入菜体后受害部位的细胞增多，体积增大而表现出促进性病状，或细胞数减少，体积变小而表现出抑制性病状，如卷叶、皱叶、蕨叶、丛枝、肿瘤等。这类病变多与病毒、缺素有关。

从上述4种病状的表现形式，我们可以初步诊断出冬瓜病害是哪一种类型，但还不能准确诊断出是哪一种病害，我们还要根据病害表现出来的病症来判断。

(2)病症 病症是菜体染病后病部表面上病原物自身表现出的各种形态结构，如病原真菌的营养体和繁殖体，细菌的菌脓、病毒造成的环斑、条斑、蕨叶等。

一是真菌性病害病症。常见的有以下4种表现形式：①霉状物。霉是真菌性病害的常见病症，是真菌的菌丝和着生孢子的孢子梗所构成的，即在病斑部位有黑霉、灰霉、青霉等霉状可见物，如冬瓜霜霉病、灰霉病等。②粉状物。是真菌孢子密集在病部的特征，有白粉、锈粉、黑粉等。如瓜类白粉病等。③粒状物。在受害冬瓜的病部产生大小、形状、色泽排列等各异的粒状物，粒状物是病原真菌的分生孢子器、分生孢子盘、子囊壳、子囊座等物体构成的，如炭疽病等。④绵(丝)状物。在受害冬瓜的病部表面产生白色棉絮状物，这是真菌的菌丝体或菌丝体与繁殖体的混和物，如绵腐病等。

可见一般的真菌性病害在病斑表面都有可见物产生。这类病害发病条件低，传播方式多样、速度快。

二是细菌性病害病症。其病症有5种：①菌脓或菌膜。细菌性病害常见的症状，即寄主染病后，常在病部溢出许多菌脓和胶质物，混合后形成菌液层，干燥后形成油亮的菌膜，这也是区分真菌与细菌性病害的主要方法。②黄色晕圈。寄主被病原物侵染后，寄主细胞死亡形成坏死斑后，病原菌继续侵染表现出来的病状。③萎蔫。病原菌侵染菜体后，造成根、茎、叶柄等处的维管束受害堵塞，表现出的症状。④腐烂。病原菌侵染寄主后，造成寄主腐烂发出臭味。⑤穿孔。病斑部位组织细胞坏死脱落。

三是病毒病病症。其病症常见有以下5种：①花叶。叶片色泽不均，形成深绿、淡绿、黄绿相间的症状。花叶类型又可分为以下几种：其一是明脉症。叶脉的色泽特别浅。其一是沿脉变色症。沿叶脉两侧一定宽度之间的色泽变浅或深，有时也变黄色。其二是条纹和条点。沿叶脉产生的褪绿条纹和条点。其三是斑驳。不同色泽呈块状或圆斑状的镶嵌。②变色。叶片色泽全部或局部缺少叶绿素，变成黄、橙、红、紫、深绿等颜色。③环斑、环纹、线纹。在叶面上或在果实上形成单线或同心纹的环。④畸形。丛枝、丛簇、变叶、扁枝矮化。⑤坏死。任何部分都可发生局部组织变色死亡，有斑点形坏死、条状坏死、顶端坏死等。

病状和病症统称为症状。症状是诊断病害的重要依据，根据病害的症状我们能识别一些常见的冬瓜病害，并能区分出是哪一类病害，做到对症下药。但不同病原物在不同的寄主上或不同条件下也能引起不同的症状，所以要做出正确的诊断，除进行症状诊断外，还必须对病原物进行鉴定，同时还要对环境、发病时间等其他因素进行分析，才能做出正确的诊断，特别是对非常见的病害更为重要。

34. 怎样识别和防治冬瓜猝倒病？

冬瓜猝倒病又称“卡脖子”病、绵腐病，主要危害育苗畦中的幼苗。发现病苗后，如不及时治疗，将很快造成幼苗成片死亡，导致缺苗断垄，影响用苗计划。

(1)危害症状 当种子在出土前被侵染发病时，造成烂种。幼苗被病菌侵染后，先在幼苗胚茎基部出现水浸状病斑，后病斑迅速绕茎1周，变为褐色，病部软腐，明显缢缩，病株容易突然倒伏。病部表皮极易脱落，维管束缢缩似线，潮湿时病部可见白色絮状物。由于发病倒伏很快，倒伏时植株还呈绿色。

(2)发病规律 猝倒病的病原物为真菌中藻状菌的腐霉菌和疫霉菌。以卵孢子在土壤中越冬，由卵孢子和孢子囊从苗茎基部侵染发病。病菌在土壤中能存活1年以上。腐霉菌侵染发病的最适温度为15℃～16℃，疫霉菌为16℃～20℃，一般在苗床低温、高湿时最易发病。

(3)防治方法 ①选用无病菌的土壤育苗。②培育壮苗，提高植株抗病性。③土壤消毒。育苗棚可用福尔马林200倍液浇淋土壤，闷棚7天后定植。用50%双氧水浸种3小时，然后用清水冲洗干净后播种。④药剂防治。适用药剂有69%安克锰锌可湿性粉剂1 000～1 200倍液，72.2%普力克水剂600倍液，大生M-45可湿性粉剂800倍液等。以上药剂每7～10天喷1次，连续喷2～3次。

35. 怎样识别和防治冬瓜立枯病？

立枯病多发生在育苗中后期。

(1)危害症状 主要危害幼苗茎基部或地下根部。受害幼苗初始在茎部出现椭圆形暗褐色病斑，逐渐向里凹陷，边缘较明显，扩展后绕茎1周，致茎部萎缩干枯，后瓜苗死亡，但不折倒。根部染病多在近地表根茎处，皮层变褐色或腐烂。瓜苗开始白天萎蔫，夜间恢复，几天后病株萎蔫枯死。

(2)发病规律 该病病原为立枯丝核菌AG-4菌丝融合群，属半知菌亚门。病菌主要以菌丝体和菌核在土壤或病残体中越冬，腐生性很强，可在土壤中存活2～3年。病菌通过雨水、灌溉水及带菌农家肥等传播，20℃～27℃最适宜病菌生长。一般苗床高温高湿、通风不良、土壤水分忽高忽低或幼苗徒长等，均易发病。

(3)防治方法 ①选用无病菌的土壤育苗。②培育壮苗，提高植株抗性。③育苗棚可用福尔马林200倍液浇淋土壤，闷棚7天后定植。④用58%安克锰锌可湿性粉剂8～10克拌15千克细土，用于播种后覆盖种子。⑤用50%双氧水浸种3小时，然后用清水冲洗干净后播种。⑥药剂防治。发病初期可喷施50%多菌灵可湿性粉剂500倍液，或70%甲基托布津可湿性粉剂1 000～1 500倍液，或20%甲基立枯磷可湿性粉剂1 200倍液，或15%恶霉灵450倍液，或5%井冈霉素水剂1 500倍液，或10%立枯灵水悬剂300倍液。每7～10天喷1次药，连续喷2～3次。

36. 怎样识别和防治冬瓜疫病？

(1)危害症状 主要危害茎、叶和果实。苗期染病初期，茎、叶、叶柄及生长点呈水浸状或萎蔫，后干枯死亡。成株染病多从靠近地面的部位或嫩头开始发生，初为水浸状，后病部失水缢缩，病部以上叶片迅速萎蔫，维管束不变色。叶片受害，出现灰绿色的水浸状、圆形不明显又不太规则的大斑；空气湿度大时，病斑更快速扩大。嫩瓜发病先从下部坐住的瓜侵染，瓜表面病斑也呈暗绿色水浸状，继而凹陷，然后大面积腐烂，瓜肉变为黄褐色，上有稀疏的白色霉状物，当裂开时溢出胶状物。

(2)发病规律 该病病原菌为德氏疫霉，属鞭毛菌亚门疫霉属真菌。病菌以菌丝体、卵孢子或厚垣孢子随病残组织遗留在土壤中越冬。翌年菌丝体接触到感病寄主或卵孢子和厚垣孢子，通过雨水、灌溉水传播到寄主上，孢子萌发产生芽管，芽管与寄主表皮接触后产生附着器，再从附着器上产生侵入丝，直接穿过表皮进入寄主体内。播种带菌的种子，也可引起田间发病。高温高湿有利于发病。病原菌致病适温为27℃～31℃。

(3)防治方法 ①轮作。实行三年以上轮作。采用地膜覆盖，起垄栽培，合理灌溉，控制田间湿度。及时进行植株调整，防止生长过密、通风不良。②药剂防治。发现中心病株后及时喷药防治。适用药剂有72.2%普力克水剂600～800倍液，25%瑞毒霉可湿性粉剂800～1000倍液，58%甲霜灵·锰锌可湿性粉剂400～500倍液，64%的杀毒矾可湿性粉剂500～600倍液，80%新万生可湿性粉剂500～600倍液，72%克露或克霜氰或霜脲锰锌可湿性粉剂800～1 000倍液，50%甲霜铜可湿性粉剂600倍液，56%靠山分散微颗粒剂600～800倍液，63%安克锰锌可湿性粉剂1 000倍液。以上药剂要交替使用，防止抗药性产生。

37. 怎样识别和防治冬瓜线虫病?

(1)危害症状 主要为害根部。在主根和侧根相连处，形成根结肿瘤，形状多为球形，有的呈团状，为害严重时形成一串，如串珠状。线虫侵染根部后，使根系吸收能力下降，导致地上部生长萎缩，植株比其他健康植株矮小、叶片小，最后全株枯死。整个发病过程比枯萎病要慢。切割根部肿瘤，在一般放大镜下观察，能见到线虫。

(2)发生规律 由线形动物门根结线虫属线虫引起的病害。线虫以卵在病株根内随同病株残根在土壤中越冬或越夏，或以2龄幼虫在土壤中越冬。在环境条件适宜时，越冬卵孵化为幼虫。而2龄幼虫继续发育，靠土壤、水流、农机具等传播。幼虫一般从嫩根部位侵入。侵入前能做短距离移动，速度很慢，故本病不会在短期内大面积发生和流行；侵入后，能刺激根部细胞增生，形成根肿瘤。地势高燥、疏松、透气的沙质土壤发病重，土壤pH呈中性时有利于线虫活动则发病重，酸性或碱性土壤不利于发病；土壤潮湿、黏重时，发病轻或不发病。

(3)防治方法 ①农业防治。调节土壤pH，使其呈酸性或碱性，不能呈中性，创造不利于线虫发生的土壤环境条件。由于线虫一般在30厘米以上的土层内活动，可以深翻土壤40厘米以上，为冬瓜根系的生长提供深厚的土层，避免线虫的侵入。田间灌水，对线虫发病重的保护地，每年6～10月维持田间积水3个月以上。寿光市农业专家协会于2006年开始利用这一时期在保护地中种植水稻，不仅防治了线虫，还提高了复种指数，增加了菜农的经济效益。②药剂防治。每667平方米施用10%福气多颗粒剂5千克，深翻土壤时用3千克，务必使其与土壤充分混匀，另外在定植时用2千克与100倍的干细土拌匀，2/3撒于穴底，1/3撒于穴表面。也可每平方米用1.8%的阿维菌素水剂1克，在整地做垄时用800～1 000倍水稀释后，喷施于土壤，并多次搂地，使药液与土壤充分混匀。此外，还可用石灰氮和溴灭泰等防治线虫，其具体的使用方法请参阅本书第38问。

38. 防治线虫等土传性病害有哪些具体方法？

保护地蔬菜生产的迅速发展，在为人们长年提供了新鲜蔬菜的同时，也为根结线虫、黄萎病、猝倒病、立枯病、青枯病、枯萎病、根腐病、疫病等土传性病害的病原物提供了滋生蔓延的适宜场所。这些病害已成为困扰蔬菜生产的难题，影响着无公害蔬菜生产的发展。近年来，寿光市蔬菜高科技示范园先后引进了溴灭泰消毒菜田土壤技术、石灰氮日光消毒防治温室土传病害技术和高温热水处理土壤杀菌的技术，在防治土传性病害上取得了良好的效果。

(1)溴灭泰消毒菜田土壤技术

一是溴灭泰消毒原理。溴灭泰是一种毒性中等、无色、无味的液化气体，当温度高于4℃时，便可蒸发为比空气重3倍的气体。它具有强烈的扩散性和渗透性，能够在疏松的土壤中无孔不入，可杀死土壤中的各种病原菌、地下害虫及杂草种子。为保证使用安全，商品溴灭泰中已加入2%催泪剂氯化苦做警戒剂。

二是溴灭泰土壤消毒的程序。消毒前把所有的植物病株残体都要清除干净；把土壤水分调节到适合种子发芽的含量（抓起一把土，攥成团，土团离地一米掉下能散开，表明水分含量合适），就可进行土壤消毒。消毒前先深翻土壤30厘米以上，并结合深翻把所需的有机肥一并放入，把土地整平整细，为溴灭泰的扩散和渗透提供良好的条件；沿消毒地块四周挖深20厘米的压膜沟（有立柱的大棚，中间的一条沟要在立柱中间开挖，以利于同时压埋立柱两边的塑料膜），用竹片在地面搭起30厘米高的架子，竹片不要太密，以盖上薄膜不塌地为宜；按每13平方米放一药罐的标准，将药罐与开口器卡好，避开罐上的接缝处，药罐下先挖1个小土坑，垫上一小块塑料布，防止流出的药液直接渗到土壤里，药罐要均匀地码放在消毒地块的一边。为了方便开罐，药罐下面可以放上一小块竹片或石片；塑料薄膜应尽量从里面压埋，遇立柱时，立柱两边的塑料薄膜要同时埋在一条沟里，并踏实压严；将消毒地块用完好无破损的薄膜盖好压严；用手从膜外按住药罐，用力下压，使药液流出；放药以后地块保持密封熏蒸48～72小时，而后揭开薄膜通风14天以上，通风期间要注意防雨。

三是实行溴灭泰消毒应注意的事项。用完的空药罐，有时会倒吸进少量水分，不要试图打开检查，应在远离人群的地方直接踩扁深埋；土壤消毒一定要在密闭的小拱棚内进行，所使用的棚膜应比消毒地块宽1米，不能有破洞。消毒过的地块要采取各种措施防止再污染；为了防止外界不利因素的干扰，熏蒸时最好将大棚顶膜盖上，但要保持底角打开，以保持通风。

(2)石灰氮日光消毒技术

一是石灰氮日光消毒技术原理。石灰氮灭菌原理是遇水分解后所生成的氰胺(最后进一步生成尿素)，对土壤中的真菌、细菌等有害生物具有广谱性的杀灭作用，并且对一直困扰设施农业生产的根结线虫也有较好的防治效果(图1-6)。日光消毒灭菌的原理是在密闭的环境中，利用日光照射提高土壤温度，经过热力灭菌作用，达到杀死或减少耕作层土壤有害生物的目的。石灰氮日光消毒技术灭菌原理是综合上述两种消毒灭菌技术，人为创造药肥与高温灭菌的环境条件，充分协调土壤微生态平衡，有效提高整体防治效果，以达到环保型土壤消毒的要求。

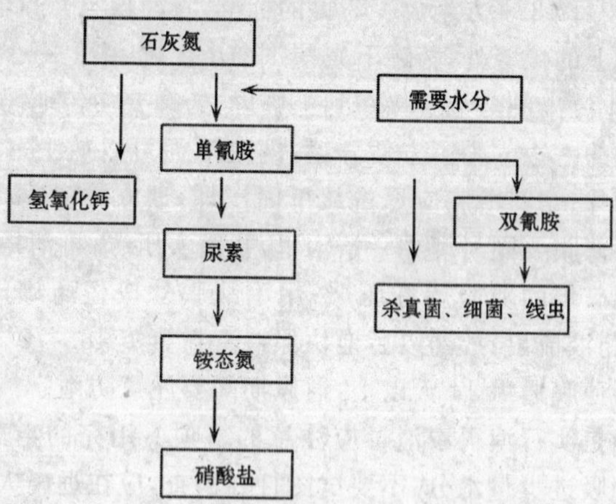

图 1-6　石灰氮在土壤中的转化与土壤消毒原理

二是操作程序。在夏季天气最热、光照最好的时期内先清洁田园，通过灌水调节土壤水分含量能够使种子发芽为宜，然后把 600～800 千克稻草或麦秸等铡成 4～6 厘米的小段，与 80 千克石灰氮均匀混合后施于 667 平方米的土壤表面，再深翻土壤 30 厘米以上，把石灰氮和有机物均匀地施入土层中，尽量增大药肥与土壤颗粒的接触面积，最后用完好的薄膜把消毒地块密封好，把温室薄膜上好后密闭温室，维持 14 天以上方可播种或定植冬瓜。

三是石灰氮日光消毒技术的作用。石灰氮是一种非常好的缓释性氮肥，有效期可长达 3～4 个月，用石灰氮处理过的地块可以少施氮肥。石灰氮遇水分解后所生成的液体氰胺与气体氰胺，不但对土壤中的真菌、细菌、根结线虫等具有杀灭作用，而且还可以杀死土壤中其他有害虫类；石灰氮遇水生成的氢氧化钙能够调节土壤酸性，缓解或部分解决农业生产中的土壤酸化问题，形成对有益菌有利的土壤微生态环境，进而抑制有害菌的生长。

四是应用石灰氮日光消毒技术须注意的问题。单纯应用这一技术对冬瓜根结线虫的防治效果为38.46%，如与生物制剂灭线宁结合应用，其防治效果可达到70.53%。要与其他无公害药剂配合使用。作业前后24小时不得饮用任何含酒精的饮料。

(3)高温热水处理土壤杀菌技术

一是高温热水处理土壤杀菌技术原理。此项技术是北京特玛特公司根据日本、韩国于2005年禁止使用土壤杀菌剂的要求在国内进行首次使用的一项新技术。在对不同病原物杀灭温度和时间进行研究的基础上，应用可移动式锅炉生成95℃以上的热水，通过传输管道和喷射油管把热水施用到土壤中处理3～4小时，从而达到杀灭土壤中的病原物和改良土壤的目的。

二是高温热水处理土壤杀菌技术的程序。在对处理地块进行深翻和整平整细的基础上，安装热水喷射机，准备消毒，在防治地块内配置喷射油管，在喷射油管上面全面加盖保温膜，安装分配加热器并连接启动锅炉及灌注热水，确保热水灌注，在土壤内保持热水在80℃以上3～4小时，使土壤中热水达到每平方米85升。

三是高温热水处理土壤杀菌技术的作用。可杀灭土壤中的线虫等大多数病原物及杂草种子；能提高土壤的pH值，有利于有益菌的生长，降低了土壤的EC值，从而改良了土壤；对人、畜无害，不污染环境；节省防治病虫害费用，比应用化学药剂节省1/3左右。

四是注意事项。用热水处理土壤后，要加强疏松土壤，增强土壤通风透气能力；要增加有益菌的用量，改良土壤的微生态环境。

39. 怎样识别和防治冬瓜白粉病？

白粉病除危害冬瓜外，还危害黄瓜、苦瓜、西瓜、南瓜、甜瓜、节瓜、西葫芦等，应重视正确识别和加以科学防治。

(1)危害症状 冬瓜白粉病主要危害冬瓜的叶片。发病初期，叶子正面或背面出现近圆形的白色水粉斑，直径4～6毫米不等，以叶背居多，以后随病斑逐渐扩大，成为边缘不明显的大片白粉区，严重时粉斑密布于叶面上并互相连合，使叶片变黄，终致干枯，使植株生长及结瓜受阻，生育期缩短，产量降低。

(2)发病规律 该病病原菌为瓜类单囊壳白粉菌。属于子囊菌亚门真菌。病菌以菌丝体或闭囊壳在寄主或病残体上越冬。病菌主要由空气和流水传播。白粉病菌的分生孢子落到叶片上，在空气相对湿度为25%～95%时均能萌发，空气相对湿度为100%或叶面有水滴时，反而对萌发不利。若病斑被水浸湿后，病菌分生孢子也停止生长。分生孢子在10℃～30℃内均能萌发，而以20℃～25℃为最适宜。植株徒长、蔓叶过密，通风透光不良等，均容易导致白粉病的大发生。

(3)防治方法 ①加强栽培管理，施足基肥，增施腐熟有机肥和磷、钾肥，避免偏施氮肥；培养健壮植株以提高植株抵抗力，及时摘除老叶、病叶、黄叶等，增强田间通风透光能力。②采用27%高脂膜乳剂80～100倍液，于发病初期喷洒叶片，形成一层薄膜，不仅可防止病菌侵入，还可造成缺氧条件使白粉病菌死亡。③药剂防治。根据白粉病的发生规律，发现病株后要及时浇水，增加田间湿度后再进行药剂防治，这个做法已被生产实践证明是非常有效的措施。常用药剂有15%粉锈宁可湿性粉剂1 500倍液，40%福星乳油8 000倍液，30%特富灵可湿性粉剂1 500～2 000倍液，47%加瑞农可湿性粉剂600倍液，每4～5天喷1次药，连续喷2～3次。应在中午前喷药，要做到细致、均匀、大水量。

40. 怎样识别和防治冬瓜枯萎病？

枯萎病是冬瓜的重要病害之一，它也危害黄瓜、苦瓜、西瓜、节瓜等。该病又称蔓割病、萎蔫病。

(1)危害症状 幼苗期发病，叶片萎蔫，胚茎基部呈褐色水浸状软腐，潮湿时长出白色菌丝，猝倒枯死。成株发病，植株下部叶片萎蔫，逐渐向上发展。开始时白天萎蔫，晚上恢复，数日后全株萎蔫枯死。枯死植株的茎基部开始软化，水渍状，后逐渐干枯，表皮粗糙纵裂，维管束变褐色。湿度大时，病部常长红色和白色霉状物。

(2)发病规律 该病病原菌为尖孢镰刀菌，属半知菌亚门真菌。病菌以菌丝体、菌核、厚垣孢子在土壤中的病株残体上越冬。病菌的生活力很强，能残存5～6年。病菌主要通过带菌的农家肥、种子、流水传播。病菌通过植株根部伤口和根毛顶端细胞间隙侵入，在维管束内繁育，并随上升液流分散到植株的茎、叶柄和叶片等部位。病菌繁育过程中产生果胶分解酶和维生素分解酶，使果胶积累，分解细胞以产生多醌类化合物造成植株萎蔫，导管变褐色。病菌在4℃～38℃之间都能生长发育，但最适宜温度为28℃～32℃，土温达到24℃～32℃时发病很快，土壤相对湿度在90%以上有利于病害发生。

(3)防治方法 ①嫁接防病。所用砧木和嫁接方法请参阅本书第5问。②种子消毒。播种前用福尔马林100倍液浸种30分钟，或用50%多菌灵1 500倍液浸种1小时，用清水冲洗干净后催芽播种。③土壤消毒。土壤消毒方法请参阅第38问。④药剂防治。发病初期可选用70%敌克松原粉600～800倍液，10%治枯灵水剂300倍液，60%防霉宝可湿性粉剂500～600倍液，50%的代森铵水剂1 000～1 500倍液，50%甲基托布津可湿性粉剂500倍液，双效灵水剂200倍液，15%恶霉灵水剂450倍液，60%琥・乙磷铝可湿性粉剂1 500倍液灌根，每株用药液200～250克，7天左右灌1次，连灌2～3次，用以上药液灌根时可加入生根壮苗剂600～800倍液，以促进根系生长。发病初期要防止大水漫灌，以便控制病菌传播。

41. 怎样区别冬瓜病毒病症状与螨类为害、生长调节剂药害？如何防治？

冬瓜病毒病和螨类症状都是主要侵害植株叶片和生长点，危害症状相似，容易混淆，不仅延误了防治时机，还增加了用药成本，影响了蔬菜的无公害生产。

(1)危害症状

一是冬瓜病毒病症状。冬瓜病毒分花叶病毒和皱缩病毒两种。花叶型病毒病的症状是叶上有黄绿相间的花斑，叶面凹凸不平，新生的叶子畸形、硬化，蔓顶端节间缩短。皱缩型病毒病的症状主要是新生叶狭长、皱缩、硬化、扭曲。病株花发育不良，难以坐瓜，即使有瓜，也是畸形、硬化、表面斑驳。

二是螨类危害症状。螨类喜群集嫩叶背面吸食汁液，轻者叶片缓慢伸开，变厚、皱缩，叶片浓绿，严重者瓜蔓顶端叶片变小、变硬，叶背呈灰褐色。叶具油脂状光泽，叶缘向下卷，致生长点枯死，不长新叶，其余叶色浓绿，幼茎变为黄褐色，瓜受害后变为黄褐色至灰褐色。植株扭曲变形或枯死。

三是生长调节剂药害。又称激素类中毒。主要是苗期应用多效唑或人工授粉时应用2,4-D浓度过大引起的。苗期应用多效唑过早或浓度过大，往往导致植株节间变短，叶色浓绿，叶片较小、扭曲。人工授粉时应用2,4-D浓度过大常造成新叶变小，叶色浓绿，叶片皱缩，坐住的瓜也呈畸形。

(2)病原物发生规律

一是冬瓜病毒病发病规律。冬瓜病毒病主要由黄瓜花叶病毒和甜瓜花叶病毒侵染所致。病毒可在菠菜、芹菜和宿根杂草上越冬。种子可带病毒传播，也可由蚜虫带毒传播或人工田间操作造成汁液摩擦传播。天气高温干旱、蚜虫危害严重是发病的主要条件。另外栽培管理粗放，水肥不足，定植期晚和发根缓苗慢、植株生长势弱等，均易染病。

二是螨类发生特点。生活周期短。茶黄螨生长繁殖的最适温度为16℃～23℃，空气相对湿度为80%～90%。高温对其繁殖不利，成螨若遇高温寿命缩短，繁殖力降低，甚至失去正常生殖力。在10℃时以雌成螨在牛皮菜和杂草植株下部越冬。一般为两性生殖，少数为孤雌生殖。

(3)防治方法

一是病毒病防治。从无病瓜选留种，并用10%磷酸三钠溶液浸种10分钟，或对种子进行干热处理，即用70℃恒温处理72小时；加强栽培管理，合理增施钾肥。合理灌溉，防止干旱。使植株生长健壮，提高抗病能力；发现病株要立即拔除烧毁，铲除田间及周围杂草，减少病源。同时要及时治蚜防病，可选用25%抗蚜威乳油3 000倍液喷雾；发病初期开始喷洒20%病毒A可湿性粉剂400～600倍液，或植病灵200～300倍液，或20%病毒宁水溶性粉剂500倍液。在应用上述药剂时每15升药液可加入硫酸锌30克。

二是螨类防治。及时清除田边寄主杂草及收获后田间的枯枝落叶，集中烧毁或深埋，避免人为带入虫源；要加强虫情调查，在茶黄螨发生初期进行防治，可选用25%抗螨500～600倍液，73%克螨特乳油1 000倍液，20%螨克乳油800～1 000倍液，1.8%齐螨素乳油3 000～4 000倍液等喷雾防治，每10～14天喷1次药，连续喷2～3次。采收前7天停止用药。

三是生长调节剂药害的预防。应用多效唑控制幼苗旺长要慎用，确实需要时，要在幼苗第一片真叶直径为1厘米以上时应用；应用2,4-D进行人工授粉时，要随着温度升高而逐渐降低用药量。发生药害后，要加强栽培管理，增施肥料，也可喷施10～20毫克/千克赤霉素溶液。

42. 怎样识别和防治冬瓜灰霉病?

灰霉病可侵染冬瓜等葫芦科蔬菜，造成化瓜，在全国各地普遍发生，有的地区化瓜率可高达50%，造成严重减产。

(1)危害症状 病菌先侵染花瓣，导致花瓣腐烂。幼瓜脐部呈水渍状，停止生长，腐烂或脱落。花瓣掉到叶上后病斑近圆形或不规则形，边缘明显，病部生灰色霉毛。病组织附着在茎上时，可导致烂茎，造成植株枯死。

(2)发病规律 由半知菌亚门灰葡萄孢属引起的真菌病害。病菌以菌丝或分生孢子及菌核附着在病株残体上，在土壤中越冬，借风雨传播。空气湿度大、温度较高时，病菌活动旺盛，危害快，危害重；在温度超过 32℃时，危害较轻，在有风时病情发展快。

(3)防治方法 ①农业防治。培育壮苗，加强管理，防止湿度过高和日照不足。保护地栽培时要注意通风，调整好温、湿度，要把灰霉病侵染的花瓣及时从瓜上摘除，避免再侵染茎和叶。②药剂防治。人工授粉时可在点花的药液中加入 0.1％ 的 50％速克灵可湿性粉剂。发病初期可用 50％扑海因可湿性粉剂 1500 倍液，或 50％速克灵可湿性粉剂 2000 倍液进行防治，每 5～7 天喷 1 次，连续喷 2～3 次。

43. 怎样识别和防治冬瓜炭疽病？

(1)危害症状 冬瓜炭疽病可危害子叶、真叶、叶柄、主蔓和果实等部位。成株叶片受害，初为红褐色圆形小斑，然后扩大为直径 4～18 毫米的圆形或近圆形褐色病斑，边缘色深，中间色稍浅，病斑外有黄色晕环。果实多在顶部染病，病斑初呈水浸状小点，后逐渐扩大，出现圆形褐色凹陷斑。温度高时，病斑中部长出粉红色粒状物，病斑连片致皮下果肉变褐，严重时腐烂。

(2)发生规律 该病病原菌为瓜类炭疽菌，属半知菌亚门真菌。病菌在土壤病残体内或种子上越冬，借助风、雨、棚膜滴水和昆虫传播。发病与温、湿度关系密切，其中湿度大是发病的主要因素。

(3)防治方法 ①选用籽粒饱满、抗病力强的种子。播前种子用 50％双氧水浸泡 3 小时，然后用清水冲净后播种。②加强大棚内温、湿度管理，使棚内空气相对湿度控制在 70％以下，减少叶面结露和吐水。③加强栽培管理，合理密植，及时疏叶打杈，使棚内通风透光良好。④药剂防治。发现病情后，可选用80%大生 M-45 可湿性粉剂600倍液，65%代森锌可湿性粉剂500～600倍液，60%防霉宝超微可湿性粉剂800倍液，50%多丰农可湿性粉剂500倍液。每5～7天喷1次，连续喷3～4次。

44. 怎样识别和防治冬瓜绵腐病？

(1)危害症状 冬瓜绵腐病多由苗床发病，引起瓜猝倒；病苗茎部缢缩变软，折倒，成株发病多引起"果腐"或"绵腐"，病部变褐色变软，表面生白色绵毛，潮湿时为湿水棉花状。

(2)发生规律 冬瓜绵腐病病菌以菌丝体随病残体在土壤中越冬，生长季节中湿度大，易发病。

(3)防治方法 ①及时收集病苗、病果带出田外烧毁。②避免苗床浇水过多，成株期及时排水，降低田间湿度。③发病初期喷洒72.2%普力克水剂400倍液或69%安克锰锌可湿性粉剂1 000倍液，每7～10天喷1次，连续喷2～3次。

45. 怎样识别和防治冬瓜霜霉病和细菌性角斑病？如何快速鉴定霜霉病？

冬瓜霜霉病和细菌性角斑病是在病原物分类学上相差较大的两种病害，但在田间空气相对湿度较小时，霜霉病无明显病症时，两者症状较易混淆，有必要正确区别这两种病害。

(1)危害症状

一是霜霉病症状。幼苗期就能发病，结瓜期受害最重，主要危害叶片。子叶被害初呈褪绿黄色小斑点，后变黄褐色，潮湿时病斑背面生紫黑色霉层，病重时子叶黄枯。成株叶片发病，多在开花结瓜后发生，并在盛瓜期达到高峰。一般中、下部叶片先发病，初呈水浸状，黄色至鲜黄色，病斑因受叶脉限制，多呈多角形，后呈黄褐色干枯。

二是细菌性角斑病症状。该病主要危害叶、茎及果实。叶片染病，最初呈现水浸状小病斑，病斑逐渐扩大并受叶脉限制，多呈多角形或不规则形，中央黄白色至灰白色，易穿孔或破裂。茎部染病，呈水浸状浅黄褐色条斑，湿度大时分泌出白色至乳白色菌液。果实染病后，开始出现水浸状小圆点，以后迅速扩展，小病斑融合成大斑，果实呈水浸状软腐。

(2)发病规律

一是霜霉病。该病病原为假霜霉属古巴假霜霉。病菌在10℃～28℃时生长良好，侵入适温为16℃～22℃，产生孢子囊适温为15℃～20℃，温、湿度尤其是湿度对病害流行起决定性作用。田间气温上升到10℃时开始出现病株，20℃～24℃适宜病害流行，高于30℃或15℃以下时病害受抑制。病菌发育和产生孢子要求空气相对湿度为83%以上并保持4小时，结瓜期昼夜温差大、湿度高会诱发病害流行。

二是细菌性角斑病。该病病原为丁香假单胞杆菌。病菌在种子上或随病残体留在土壤中越冬。病菌可在种皮内外存活1～2年。该病发生适温为25℃～28℃，最高为35℃，最低为1℃，致死温度49℃～50℃经10分钟，适宜pH为5.6～6.8。种子带菌可直接侵染子叶再进行传播。

(3)防治方法

一是霜霉病的防治。①生态防治。在田间水分含量适宜时，在晴天中午密闭大棚，使植株上部温度升高到41℃，保持2小时，可提高抗病能力；合理施肥，提高抗病能力。施足底肥，生长期要适当追施氮肥，调节好碳氮比，可叶面喷施适当蔗糖液。②药剂防治。在发病初期每667平方米用45%百菌清烟剂 0.2～0.25 千克分放在棚内 4～5 处，用暗火点燃，发烟时闭棚熏蒸一夜，翌日早晨通风，隔 7 天熏 1 次。在发病初期于傍晚用喷粉器喷撒 5%百菌清粉尘剂或 10%防霉灵粉剂，每 667 平方米喷 1 千克。田间发现中心病株要及时喷洒 10%乙磷·锰锌可湿性粉剂 500 倍液，或 25%阿米西达悬浮剂 600～1 000 倍液，或 53%金雷多米尔水分散粒剂 600～700 倍液，每 7～10 天喷 1 次药。也可用 15 升水＋20 毫克普力克＋10 克尿素＋20 克白糖（调节碳氮比）喷雾。

二是细菌性角斑病。加强田间通风透光，降低田间湿度。发现中心病株后可喷施 72%农用链霉素可湿性粉剂 4 000 倍液，或细菌速净可湿性粉剂 400 倍液，或 56%靠山水分散颗粒剂 800 倍液，或绿得宝悬浮剂 400 倍液。

三是霜霉病和细菌性角斑病混合发生时，防治方法可参阅本书第 46 问。

(4)快速鉴定霜霉病 由于品种的抗病性，以及所处的环境条件不同，霜霉病的症状往往出现一些多样性。如有时整个叶片布满许多黄色的角斑，而没有黑霉；有时叶片出现一些多角形的圆斑而在叶片的背面看不到黑色霉层等。霜霉病症状的复杂性增加了识别病害的难度，只有快速识别才能抓住战机，对症下药。快速识别的具体方法如下：

采下病叶放在 1 个杯子中，放一点水增加湿度，将杯子口封严，在 20℃左右的条件下保湿，大约经过一个晚上，如果叶片背面有黑色霉层出现，即可证明是霜霉病；如果出现了一些黏稠的液体，则冬瓜得的是细菌性角斑病；如果病斑上隐隐约约出现一些小的黄色黏稠物，则是由炭疽病引起。

46. 冬瓜叶部病害混生时如何防治？

冬瓜生长季节发生的叶部病害种类较多，有霜霉病、细菌性角斑病、白粉病、炭疽病等病害。尽管各种病害发生条件有异，但常常会形成混生现象。现将主治常发生的霜霉病害和兼防其他主要混生病害的叶面喷雾药方法介绍如下。

(1)霜霉病＋细菌性角斑病的混生

施用的药剂有60%百菌通（琥·乙磷铝）可湿性粉剂500倍液，50%甲霜铜（甲霜灵＋琥胶肥酸铜）可湿性粉剂500～600倍液，60%疫甲铜（乙磷铝＋甲霜灵＋琥铜）可湿性粉剂600倍液，47%加瑞农（氧氯化铜＋春雷霉素）可湿性粉剂500～800倍液，45%代森铵水剂1 000倍液，53.8%可杀得（氢氧化铜）干悬浮剂900～1 100倍液，30%碱式硫酸铜悬浮剂350～500倍液，78%科博（波尔多液＋代森锰锌）可湿性粉剂500倍液，30%琥胶肥酸铜（DT）胶悬剂500倍液。

施用的混制药液有40%乙磷铝可湿性粉剂250倍＋50%琥胶肥酸铜可湿性粉剂500倍的混配药液（在混配药液中各药保持各自浓度。下述同理），40%乙磷铝可湿性粉剂250倍＋100万单位硫酸链霉素6 500倍的混配药液，25%甲霜灵可湿性粉剂800～1 000倍＋50%琥胶肥酸铜可湿性粉剂500倍的混配药液，25%甲霜灵可湿性粉剂800～1 000倍＋86.2%氧化亚铜（铜大帅）1 000倍的混配药液。

(2)霜霉病＋白粉病的混生

施用的农药有75%百菌清可湿性粉剂600倍液，50%退菌特可湿性粉剂500～1 000倍液，50%克菌丹可湿性粉剂400～500倍液，45%代森铵水剂1 000倍液，1.5%多抗霉素可湿性粉剂400～500倍液，50%福美双可湿性粉剂500～

800 倍液，30%琥胶肥酸铜（DT）胶悬剂 500 倍液，70%敌克松可湿性粉剂 500～1 000 倍液。

施用的混制药液有 40%琥铜乙磷铝可湿性粉剂 600 倍＋15%三唑酮（粉锈灵）可湿性粉剂 2 000 倍的混配药液，72%克露可湿性粉剂 500 倍＋40%福星乳油 8 000 倍的混配药液，40%乙磷铝可湿性粉剂 200 倍＋15%三唑酮可湿性粉剂 2 000 倍的混配药液。

(3)霜霉病＋疫病的混生

施用的农药有 75%百菌清可湿性粉剂 600 倍液，58%甲霜灵锰锌可湿性粉剂 500～600 倍液，64%杀毒矾可湿性粉剂 400～500 倍液，50%甲霜铜可湿性粉剂 600 倍液，72%克露（霜脲锰锌）可湿性粉剂 600 倍液，69%安克锰锌可湿性粉剂 700 倍液，53%金雷多米尔（瑞毒霉锰锌）水分散粒剂 600～800 倍液，80%大生可湿性粉剂（70%代森锰锌可湿性粉剂）500～600 倍液，70%乙磷铝锰锌可湿性粉剂 500 倍液，72.2%普力克（霜霉威）水溶性液剂 600～800 倍液，60%氟吗啉锰锌可湿性粉剂 500～1 000 倍液，2%氨基寡糖素（施特灵）水剂 600～800 倍液，18%霜克（霜脲氰＋百菌清）悬浮剂 800 倍液。

施用的混制药液有 50%琥胶肥酸铜可湿性粉剂 500 倍＋25%甲霜灵可湿性粉剂 800 倍的混配药液，40%乙磷铝可湿性粉剂 250 倍＋50%琥胶肥酸铜可湿性粉剂 500 倍的混配药液。70%甲基托布津可湿性粉剂 1 200 倍＋75%百菌清可湿性粉剂 600 倍的混配药液。

(4)霜霉病＋炭疽病的混生

施用的农药有 75%百菌清可湿性粉剂 600 倍液，25%阿米西达（腈嘧菌酯）悬浮剂 1 500～2 000 倍液，65%代森锌可湿性粉剂500～600倍液，58%甲霜锰锌可湿性粉剂500倍液，80%大生可湿性粉剂(70%代森锰锌)600倍液，72%霜脲锰锌(克露)可湿性粉剂800倍液，60%百菌通可湿性粉剂600倍液，57.6%冠菌清干粒剂1000倍液，40%多溴福(多菌灵＋溴菌清＋福美双)可湿性粉剂500～700倍液，78%科博(波尔多液＋代森锰锌)可湿性粉剂500倍液，45%代森铵水剂1000倍液，80%炭疽福美可湿性粉剂500倍液。

施用的混制药液有75%百菌清可湿性粉剂600倍＋25%多菌灵粉剂400倍的混配药液，40%乙磷铝可湿性粉剂200倍(75%百菌清可湿性粉剂600倍)＋25%多菌灵可湿性粉剂400倍的混配药液，72.2%普力克水剂800倍＋25%多菌灵可湿性粉剂400倍的混配药液，50%甲基托布津可湿性粉剂700倍＋75%百菌清可湿性粉剂700倍的混配药液。

(5)霜霉病＋灰霉病的混生

施用的农药有50%扑海因可湿性粉剂1000～1500倍液，50%福美双可湿性粉剂600倍液，50%灭菌丹可湿性粉剂500倍液，75%百菌清可湿性粉剂600倍液，1.5%多抗霉素可湿性粉剂400～500倍液。

(6)用药防治冬瓜叶部混生病害时 要注意以下7个事项：①病害混生兼治要以当地历来混生病害和现时混生病情作为防治目标。②发病期药防尽量选用兼治多种病害的成品药剂，如百菌清、铜类制剂、科博、代森锰锌等农药。③在推荐诸多农药(农药混用)中，有保护预防和内吸治疗、广谱和专治的防范差别，应依据当地病害实情(早迟、轻重)灵活选用适用农药，并且要注意一些兼治农药防效总会低于专治农药防效，如上述介绍的灰霉病药防用药。④掌握“发病初期”和“发病前”的药防适期。要随植株高矮调节用药液量。视病情间隔期为7～10天，连防2～4次。⑤防治混生病害，还可采用适用的农药“现混现用”的方式，但要测试对人、畜、蔬菜作物的安全性，农产品、生境的污染程度。⑥病害混生时，如某病害有突发流行迹象，应调整防治目标。切莫等到同期兼顾时再治，以免错失控病良机。⑦关注药害问题，特别是冬瓜品种繁多，抗药能力有差异。在冬瓜衰弱时的育苗和缓苗期要慎用药。

47. 怎样识别和防治冬瓜银叶病？

银叶病是由烟粉虱为害引起的。凡是烟粉虱为害的作物均可发生银叶病。烟粉虱是一种寄主范围十分广泛的杂性害虫，寄主植物有400多种，主要为害蔬菜、棉花、果树等经济作物以及花卉园艺植物，杂草上也可寄生。据资料介绍，烟粉虱可为害几乎所有的蔬菜。烟粉虱不仅为害露地栽培蔬菜，而且在大棚保护地蔬菜上也可猖獗为害，其中西葫芦、冬瓜受害表现的症状最为典型。

(1)为害症状 烟粉虱以成虫、若虫为害作物。一是直接刺吸植物汁液，造成寄主营养缺乏，影响正常的生理活动，造成生理无序现象，如冬瓜和西葫芦的银叶病；二是成虫、若虫分泌蜜露，诱发煤污病的产生，密度高时叶片呈现黑色，影响光合作用，造成叶片变黄、萎蔫，甚至整株枯死；三是成虫是植物病毒的传毒媒介，造成作物发生病毒病。据报道，烟粉虱可传播70种以上的病毒病，感病植株出现矮化、褪绿、斑驳、卷叶等症状。

(2)烟粉虱发生特点

一是世代重叠严重，防治困难。烟粉虱1年可发生11～15代，生活史分为卵、若虫、伪蛹和成虫。卵极小，多产在叶片背面，肉眼很难看到。若虫为3个龄期，固定在叶片背面不活动；伪蛹在若虫蜕皮后硬化的皮壳内，表面有一层“蛹壳”；成虫体长不足1毫米，体翅覆盖白色蜡粉，虫体小，一般停留在叶片背面，飞翔力不强，可在植株间做短距离扩散，也可借风或气流做长距离迁移。烟粉虱大发生时，田间卵、若虫、伪蛹、成虫并存，发生期极不整齐，世代重叠，防治困难。

二是繁殖速度快，来势猛。烟粉虱具有以下特点：①繁殖周期短，在适宜温度下完成一代只需20天左右，其中卵期5天，若虫期15天。②成虫期寿命长，一般为10～22天，最长可达2个月。③产卵量大，温度为26℃～28℃时，平均每头雌成虫产卵252粒。④适应性强。烟粉虱能忍受40℃以上高温，夏季高温干旱有利于其种群的增长。因此，烟粉虱极易在短期内形成庞大数量，暴发成灾。

三是抗药性极强，防治效果差。由于烟粉虱被蜡质，世代重叠，繁殖速度快，来势猛，不少农民往往滥用化学农药加以防治，从而造成恶性循环，使其抗药性迅速增强。同一药剂连续施用2～3次就会产生抗性，如扑虱灵连续使用2次，抗性就增长12倍。用药次数越多，产生抗药性越快。

(3)防治方法

一是农业防治。清洁田园，及时将蔬菜秸秆集中堆沤、掩埋或烧毁。对田间路边杂草，可人工清除或用20%克芜踪水剂进行化学防除，尽量减少烟粉虱寄主和控制后代基数。大棚蔬菜育苗用30目的防虫网和遮阳网覆盖育苗，可减少害虫为害。

二是生态控制。根据烟粉虱成虫对黄色有强烈趋性的习性，在大棚内设置黄板诱杀成虫。其方法是：用60厘米×40厘米纤维板或硬纸板，两面刷成橙黄色，并涂上一层机油(用10号机油加少许黄油调匀)，竖直插于田间，或均匀悬挂于植株上方，高度以黄板底部与植株相平为宜。每 667 平方米放置黄板 25 块左右，视不同作物及长势适当增减。

三是规范化学防治。为确保防治效果和无公害蔬菜品牌，菜农不仅要选用高效、低毒、低残留农药，还要讲究配药浓度和使用方法。①熏蒸。每 667 平方米可用 80%敌敌畏乳油 150 毫升对水 3～5 升，均匀喷在 20 千克的干锯木屑或 10 千克麦糠上，傍晚撒于植株间闭棚熏蒸。②烟熏。每 667 平方米可用 12%哒异烟剂 200～400 克，于傍晚闭棚点燃烟熏蒸，对烟粉虱成虫和若虫有较好防效。③灌根。幼苗定植前，每株用 25%阿克泰水分散粒剂 6 000～8 000 倍液 30 毫升灌根，对烟粉虱具有良好的预防和控制作用。④喷雾。可选用 25%噻嗪酮可湿性粉剂 1 000～1 500 倍液，10%吡虫啉可湿性粉剂 2 000 倍液，1.8%阿维菌素乳油 2 000 倍液，5%天王星乳油 1 000 倍液，3%天丁乳油 1 000 倍液，10%氯噻啉可湿性粉剂 2 000 倍液，20%先打乳油 1 500～2 500 倍液，均匀喷雾。烟粉虱为害导致冬瓜发生银叶病后，单纯用杀虫剂防治效果不好，可加入一种防治病毒病的药剂和爱多收等微量元素叶面肥，以增加防治效果，如病毒 A 可湿性粉剂 400～600 倍液，植病灵 200～300 倍液，20%病毒宁水溶性粉剂 500 倍液。当成虫零星发生时，及时用药，每 5～7 天喷 1 次，连续喷 3～4 次；加大用水量均匀喷雾，每 667 平方米用水量不少于 60 升；喷雾防治时间以上午露水未干为宜。不同性质的杀虫剂可混用，但不要超过 2 种。必须轮换交替用药，同一药剂不得连续施用 2 次。

48. 如何防治温室白粉虱？

温室白粉虱在我国的东北、华北、西北、华东等地区均有发生，扩散很快，为害严重，尤其是温室和大棚作物受害更重。伴随白粉虱为害，叶片大量被煤污病污染，加重了受害程度。目前，白粉虱已成为蔬菜的主要害虫。白粉虱的寄主范围很广，能危害 50 科 200 多种作物。在蔬菜中，冬瓜、黄瓜、茄子、番茄、椒类、豆类以及白菜、芹菜、大葱等均能受其为害。白粉虱为害时，大量成虫和幼虫群集在叶片背面吸食植物汁液，使叶片萎蔫、褪绿、黄化甚至枯死，其排出的蜜露引起煤污病的发生，覆盖、污染了叶片和果实，严重影响光合作用。同时，白粉虱还可传播病毒，引起病毒病的发生。

(1)形态特征 成虫体长约 0.9～1 毫米，淡黄色或白色，雌雄均有翅，全身被有白色蜡粉，雌虫个体大于雄虫，其产卵器为针状。卵长椭圆形，长 0.2～0.25 毫米，初产淡黄色，后变为黑褐色，有卵柄，产于叶背。幼虫椭圆形、扁平，淡黄色或淡绿色，体表有长短不齐的蜡质丝状突起。蛹椭圆形，长 0.7～0.8 毫米，中间略隆起，黄褐色，体背有长短不齐的蜡丝(图 1-7)。

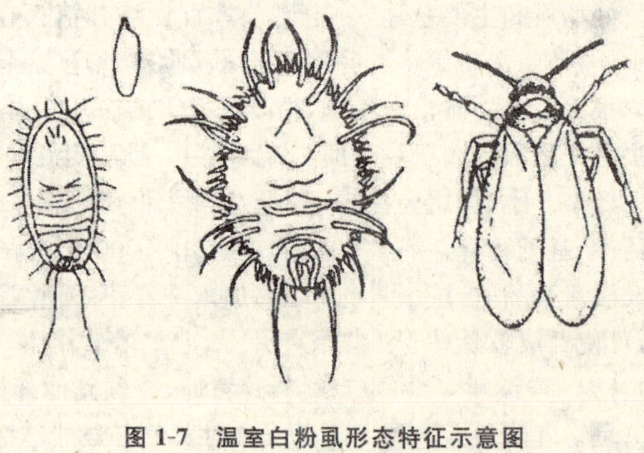

图 1-7 温室白粉虱形态特征示意图

(2)生活习性 ①成虫的羽化和产卵。伪蛹经3天左右时间背部出现"T"字形裂缝，然后露出成虫的头部，从露头到展翅约需20分钟。产卵前期1.5天左右，产卵期延续半个月左右。雌成虫有孤雌生殖习性。每虫产卵150粒左右。卵散产于叶片背面。②成虫活动习性是白天活跃，早晚活动迟钝，飞动能力不强，一般在1米方圆的距离飞动，人工驱赶后，基本再回到原处，喜栖于幼嫩叶片背面取食、产卵，趋向黄绿色。③若虫初孵者可爬行半日后趋于定居不动，2天后其触角和足退化，2～3龄时基本不动。④生活史及代数。据观察，露地1年发生6代，温室或大棚1年发生约9代。以各种虫态在温室越冬，第二年4～5月大量迁往露地为害，7～8月间虫口增长速度较快，8～9月为害严重，10月下旬向温室、大棚转移。在24℃条件下，成虫期为15～17天，卵期7天左右，幼虫期8天左右，蛹期6天左右。

(3)防治方法

一是严格控制白粉虱越冬基数。温室、大棚是白粉虱越冬的良好场所和主要基地，一定要千方百计将其消灭在温室大棚中。否则，白粉虱将在翌年春天大量向露地迁飞，将给防治带来很大困难。防治白粉虱，主要采取熏闷法加粘着剂法。熏闷法是把敌敌畏滴于烧过的热蜂窝煤上，使其变成烟雾，密闭熏闷8～12小时，用药量按每间温室或大棚(约25平方米)用原药15毫升计算。粘着剂法是在选用2 000倍液的杀灭菊酯或溴氰菊酯中，按水量的0.2%加入洗衣粉，溶化搅匀后喷雾，可使药液较易粘于虫体或叶片上，起到增效作用，每3～4天喷1次，连续喷3次，重点喷叶片背面，兼顾其他部位。

二是物理防治。根据白粉虱成虫对黄色有强烈趋性的习性，在大棚内设置黄皿板诱杀成虫。其方法是：用60厘米×

40 厘米纤维板或硬纸板，两面刷成橙黄色，并涂上一层机油（用 10 号机油加少许黄油调匀），竖直插于田间，或均匀悬挂于植株上方，高度以黄板底部与植株相平为宜。每 667 平方米放置 25 块左右，视冬瓜植株长势适当增减。

三是药剂防治。①喷施农药法。在白粉虱发生早期和密度较低时，可选用 25%扑虱灵可湿性粉剂 1 000～1 500 倍液，1.8%阿维菌素乳油 2 000～3 000 倍液喷雾，注意轮换用药，以延长杀虫剂使用年限和延缓抗药性产生。白粉虱发生较重时，每 667 平方米用 22%敌敌畏烟剂 500 克于傍晚密闭棚室熏蒸。每 667 平方米用 5%灭蚜粉尘剂 1 000 克喷粉，对白粉虱也有一定防效。用 25%阿克泰水分散粒剂 4～8 克对水 50 升做叶背面喷施，效果较好。②药剂灌根法。定植后，用 25%阿克泰水分散粒剂 20～30 克对水 200 升，在白粉虱发生初期，用 10%吡虫啉可湿性粉剂 60 克对水 200 升灌根，也可收到较好防治效果。

49. 如何防治美洲斑潜蝇？

美洲斑潜蝇，俗称穿皮虫，属双翅目潜蝇科。原分布于美国、巴西、墨西哥等 30 多个国家和地区。现已传播到我国，除为害瓜类、茄果类蔬菜外，还为害豆类、马铃薯、芥菜、苜蓿等。成、幼虫均可造成为害。雌成虫把植物叶片刺伤后取食和产卵；幼虫潜入叶片和叶柄，产生不规则蛇形白色虫道，初期虫道呈不规则线状伸展，虫道终端明显变宽。

(1)形态特征　成虫。体长 1.3～2.3 毫米，浅灰褐色。雌虫身体比雄虫体大。胸部亮黑色，体腹面黄色。外顶鬃常着生在黑色区上，内顶鬃着生在黄色或黑色区上。卵褐色、半透明，大小为 0.2～0.3 毫米×0.1～0.15 毫米。幼虫蛆状，初无色，后变为浅橙黄色至橙黄色，长3毫米，后气门呈圆锥状突起，顶端三分叉，各具一开口。蛹椭圆形，橙黄色，腹面稍扁平，大小为1.7～2.3毫米×0.5～0.75毫米(图1-8)。

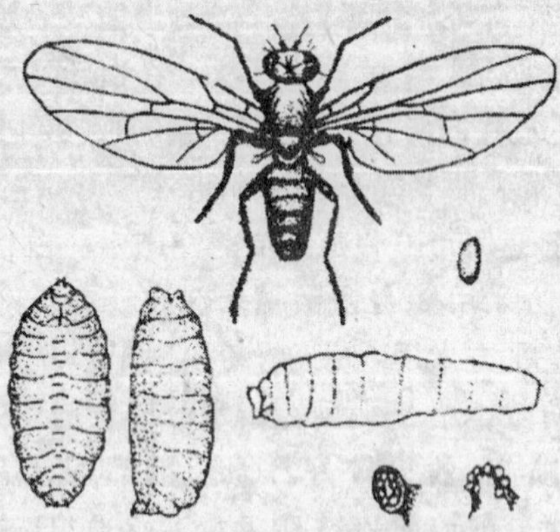

图1-8 美洲斑潜蝇形态特征

(2)发生特点　雌虫以产卵器刺伤叶片，把卵产在部分气孔表皮下，卵经2～5天孵化，橙黄色期4～7天。末龄幼虫咬破叶表皮在叶外或土表下化蛹，蛹经7～14天羽化为成虫。每代夏季为2～4周，冬季为6～8周。

(3)防治方法　①农业防治。及时摘除有虫叶，集中烧毁。收获后，集中处理残株，消灭越冬的虫或蛹。②物理防治:采用灭蝇纸诱杀成虫。在成虫始发盛期至盛发末期，每667平方米设置15个诱杀点，每个点放置1张诱蝇纸诱杀成虫，3～4天更换1次。③药剂防治。发现害虫后，可用5%抑太保乳油2000倍液或1.8%爱福丁乳油3000倍液喷雾。每7～10天喷1次，连喷2～3次。此外，在斑潜蝇化蛹高峰期，每667平方米用10%米乐尔颗粒剂4～5千克拌细土30千克，均匀撒施于菜田土表，进行中耕划锄，可以起到杀蛹作用。

50. 如何防治黄蓟马？

黄蓟马又称瓜亮蓟马、节瓜蓟马、棉蓟马、忍冬蓟马等，属缨翅目蓟马科。该虫主要为害冬瓜、节瓜、苦瓜和西瓜等，也为害番茄、茄子及豆类等蔬菜。黄蓟马在冬瓜上为害时，其成虫、幼虫锉吸心叶、嫩叶，被害植株生长点萎缩、变黑而出现丛生现象，心叶不能展开，影响正常坐瓜。幼瓜被害后出现畸形，产量及商品价值下降。

(1)形态特征 雌成虫体长 1～1.1 毫米，全体黄色。头宽大于长，短于前胸。触角 7 节，第三、第四节有叉状感觉锥。前胸背板中部约有 28 根鬃，前翅前缘鬃约 26 根。中胸腹板内叉骨有长刺，后胸无刺。腹部背板第五至第八节两侧有微弯梳，第八节后缘梳完整，梳毛细而排列均匀。第二节两侧缘各有纵排鬃 4 根。腹板无附属鬃(图 1-9)。

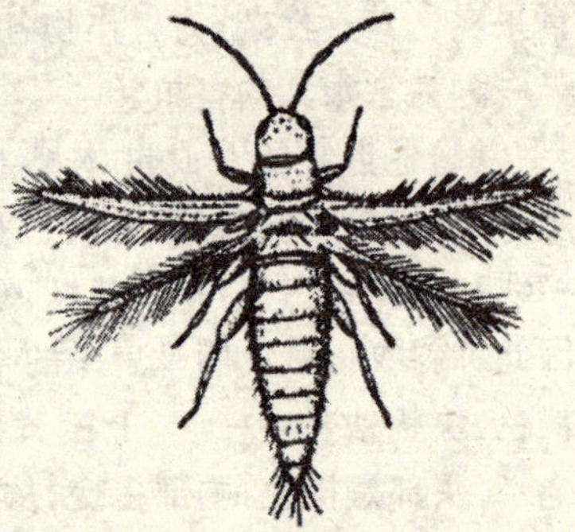

图 1-9 黄蓟马形态特征

(2)发生特点 温度、湿度是影响黄蓟马发生的主要因素。黄蓟马发育最适温度为 25℃左右，温度低于 15℃或高于 30℃对黄蓟马发育极不利。土壤湿度与黄蓟马末龄若虫入土及羽化有密切关系。土壤含水量为 8%～18%时，羽化率较高，含水量高丁或低于此范围对黄蓟马的羽化不利。

黄蓟马以有性生殖和孤雌生殖方式繁衍后代。雌雄成虫一生可交配多次。卵产于寄主组织内，每雌虫产卵 30～70

粒，卵期 4～9 天，若虫期 3～11 天，蛹期 3～12 天，成虫寿命 6～25 天。

(3)防治方法 ①农业防治。加强田间管理。清除田间附近杂草，使用营养杯育苗和防虫网覆盖，防止黄蓟马为害。②药剂防治。当每株虫口达 3～5 头时，要进行喷药防治。适用的药剂有 20%好年冬 600～800 倍液，25%喹硫磷乳油或 50%乙酰甲胺磷乳剂 2 000 倍液，40%七星宝乳油 600～800 倍液，鱼藤精 400 倍液，每 4～6 天喷 1 次药，连续喷 2 次。选用药剂最好具有内吸性，喷药时要周到、细致，注意轮换用药。

51. 如何防治斜纹夜蛾？

斜纹夜蛾属于鳞翅目夜蛾科，在国内各地均有发生，是一种暴食性害虫，能为害多种蔬菜。主要以幼虫为害全株，小龄时群集叶背啃食，3 龄后分散为害叶片、嫩茎，老龄幼虫可蛀食果实。其食性杂，为害作物各器官。老龄幼虫时形成暴食，是一种为害很大的害虫。

(1)形态特征 成虫体长 14～20 毫米，翅展 35～46 毫米，体暗褐色，胸部背面有白色丛毛，前翅灰褐色，花纹多，内横线和外横线白色，呈波浪状，中间有明显的白色斜阔带纹，因此称斜纹夜蛾。卵呈扁平的半球状，初产黄白色，后变为暗褐色，块状粘合在一起，上覆黄褐色茸毛。幼虫体长 33～50 毫米，头部黑褐色，胸部多变，从土黄色到墨绿色都有，体表散生小白点，各节有近似三角形的半月黑斑一对。蛹长 15～20 毫米，圆筒形，红褐色，尾部有一对短刺。

(2)生活习性 ①年发生代数。在山东 1 年发生 4～5 代。以蛹在土下 3～5 厘米处越冬。②活动习性。成虫白天潜伏在叶背或土缝等阴暗处，夜间出来活动。每只雌蛾产卵

3～5 块，每块约有卵粒 100～200 个。卵多产在叶背的叶脉分叉处，经 5～6 天就能孵出幼虫，初孵时聚集叶背，4 龄以后和成虫一样，白天躲在叶下土表处或土缝里，傍晚后爬到植株上取食叶片。③趋性。成虫有强烈的趋光性和趋化性，黑光灯比普通灯的诱蛾效果明显，另外对醋、酒味很敏感，趋向性很强。④生育与环境。卵的孵化适温是 24℃左右，幼虫在气温 25℃时，历经 14～20 天化蛹，化蛹的适宜土壤含水量为 20%左右。蛹期为 11～18 天。

(3)防治方法 ①深耕灭蛹。斜纹夜蛾越冬蛹的土下深度较浅，大部分在耕作层中，所以收获后及时耕翻土地，可取得比较好的效果。②人工捕杀。利用斜纹夜蛾产卵为卵块的特点，进行人工采卵，每采 1 个卵块，相当于消灭 100～200 条幼虫。可利用初孵幼虫群集的特点，在田间进行其他作业时，顺便及时摘除“纱窗叶”。③药剂防治。不必全田喷药，只要发现及时，对集中的初孵幼虫和未采摘的“纱窗叶”进行喷药就可收到良好的防治效果。适用药剂有 25%阿克泰水分散粒剂 5 000 倍液，2.5%功夫乳油 2 000 倍液，1.8%阿维菌素乳油 2 000 倍液，在幼虫 2 龄以前喷药防治。

五、冬瓜生理障碍防治

52. 怎样区分冬瓜生理性病害和侵染性病害？

在生产实践中，正确区分生理性病害和侵染性病害有利于正确的选择防治方法，做到对症用药，有利于提高防治效率，降低用药量，是生产无公害蔬菜冬瓜的重要措施。要区分这两类病害，先要明确症状的概念及表现形式。

(1)症状的概念及表现形式 植物生病后导致的一切外部表现称为植物病害的症状。它有两种不同性质的特征：一类是植物本身所表现的不正常状态，如形状、色泽、气味等的变化称为病状，有变色、坏死、腐烂、萎蔫、畸形等5种类型；另一类是依附在受病植物体上的病原形态结构的表现，如霜霉、白粉等称为病症，病症有霉状物、粉状物、黑色小粒体、菌核、根状菌索、溢脓6种表现类型。

(2)田间诊断 症状是病原特性和寄主植物特性相互作用的具体反映，各种植物病害一般都具有一定的特异性。由真菌、细菌引起的病害，大都在病部表面产生特有的病症，比较容易与其他病原引起的病害相区分；病毒病在病株外表看不到病症，容易和生理性病害混淆；生理性病害在田间大都普遍均匀发生，无传染现象。病毒、真菌、细菌性病害发生初期，一般是分散的，其后常形成发病中心，并继续扩展蔓延。病毒病常呈花叶、黄化或矮缩等病状，线虫病常使植物组织呈扭曲、肥肿，出现坏死、枯死、腐烂等病状。除了解田间症状和病株分布外，还需了解作物前茬、种子来源及近期内的管理措施和水源等条件。综合上述情况，可初步断定属于传染性病害还是生理性病害。

53. 怎样防治冬瓜叶片急性萎蔫?

(1)症状 在短时间内，整株叶片突然萎蔫，失去继续结果的能力。

(2)发生规律 主要是由于植株生理失调而导致的生理性病害，重者全株死亡。造成这种生理性病害发生的原因有两种情况：一种是冬瓜在夏季露地栽培时，已经适应了高温栽培的环境，尽管瓜叶蒸腾作用旺盛，但根系吸收的水分不断地通过根茎从叶片蒸腾出去，使植株温度得到调节，也能维持正常生长发育状态。但如果在烈日下突遇阵雨后又骤晴，此时空气湿度突然增加，瓜叶蒸腾作用减弱，加之气温与土温尚高，易使植株体温失调，导致发病。二是冬瓜在保护地栽培，在连续阴天后骤晴，如果把草苫突然全部揭开，致使植株不能适应突然变化的环境，导致发病。

(3) 防治方法 保护地栽培冬瓜如果遇到长期阴天天气，在天晴后，草苫要先揭开 1/4，待冬瓜逐渐适应环境后再揭开一部分，最后全部揭开。据试验，在阴天不下雪时，揭开草苫比不揭开草苫的温室或大棚内温度要高 1℃～2℃。

54. 冬瓜僵果发生的原因及预防方法是什么？

(1) 症状 僵果又叫石果、单性果或雌性果。植株进入生长旺盛期时，幼果生长受限而出现畸形果，果实不膨大，僵果，无籽。

(2) 发生原因 发生僵果的原因，主要是花芽分化期（即播种后 35 天左右）植株受干旱、病害、温度（13℃以下和 35℃以上）的影响而分化孕育的花，雌蕊由长柱头花变为短柱头花，花粉不能正常散发，雌蕊不能正常受精，因而着生单性果。此外缺乏生长刺激素，对锌、硼、钾等果实膨大元素和水分拉力小，故果实僵化不膨大。有些人误认为僵果是品种混杂，往往不加以防治而拔掉，最后造成严重损失。

瓜类作物花芽分化是在 5 叶 1 心时进行，影响其正常生育的因素是温度、光照、湿度、病害、药害和水分，生理因素是营养失调，后果是未能授粉受精。即使在严寒的冬季，也会出现短暂高温，因温室植株适应性差，如不及时调控，就会受精不良，产生变形果和僵果；植株受肥害而矮化；开花着果期，高温高湿会导致徒长；通风不良，会导致落花落果严重，僵果多，持续时间长（15～20 天）。发生僵果与品种遗传性也有一定的关系。对温度反应敏感的品种易着生僵果，土壤 pH 8 以上，病毒病干扰，植物体内养分不能正常运转，同样会受害而形成僵果。

(3) 预防方法 ①越冬冬瓜定植深度宜将营养土坯与地面栽平，后覆土 3～5 厘米高。在花芽分化期，防止受旱；其他时间控水促根，以防止形成不正常花器。②必须在幼苗具2～4 片真叶时分苗，分苗过迟破坏根系，影响花芽分化时养分供应，造成瘦小花和不完全花。③分苗时用 700～1 000 倍硫酸锌液浇灌，以增加根系数目和长度，提高吸收能力和抗逆能力。④在花芽分化期和授粉受精期室温严格控制在 23℃～30℃，夜间 15℃～18℃，地温 17℃～26℃，土壤含水量相对于持水量的 55%，光照度 1.5 万～3 万勒，pH 5.6～6.8。⑤适用冬性强、耐弱光的品种，种子用 0.1%高锰酸钾液浸泡消灭病原菌。⑥开花结果期及时通风降湿，以利于授粉受精。

55. 如何识别和防治冬瓜日灼病？

(1) 症状 症状发生于果实。冬瓜果实向阳面果肩部果皮出现近圆形至不定形黄白色斑，大小不等，有的近半个巴掌大，斑面光滑或略皱，后呈皮革状，略下陷或不下陷。一些贴地的冬瓜果皮背阳面亦可变黄白色，与日灼向阳面果皮变色有别。通常日灼斑下果肉无病变，但日灼斑如受其他杂菌侵害，可引起内部组织坏死甚至果腐。

(2) 发病特点 冬瓜果日灼属生理性即非传染性病害，是由于果实向阳面受强烈阳光照射所致。冬瓜果局部受热，表皮细胞被灼伤而产生日灼。通常土壤缺水或天气过度干热，或不耐热的品种，易诱发日灼病。品种间抗性有差异。粉皮冬瓜较青皮冬瓜耐日灼。

(3)防治方法 ①高温常发生冬瓜日灼的地区应因地制宜换种抗耐病品种。②管理好肥水，适时适度浇灌水，以满足果实发育所需，防止土壤过旱。③结合管理，注意绕藤时用生长旺盛的主蔓叶片或麦(稻)秸遮阳护瓜。④适时适度喷施叶面营养剂，有助于提高植株抗逆性，防止或减少果实日灼。

56. 如何预防冬瓜早春育苗发生低温冷害？

(1)症状 冬瓜提早育苗，尤其是北方在提早延晚栽培过程中经常遇到寒害和冻害。苗期遇有低温障碍易诱发沤根，出苗后遇有寒流袭击，致叶片变为水烫状，呈黄白色或灰白色，受冻叶片干枯死亡。北方霜冻来得早，常造成植株受冻提早拉秧。北方栽培的冬瓜在晚霜来临前遇到降温或寒流侵袭即开始表现出多种症状，轻者叶片虽未坏死但呈黄白色；低温持续时间较长，多不表现局部症状，往往不发根或花芽不分化，有的可导致寄生物侵染，较重的引致外叶枯死或部分真叶枯死，严重的植株呈水浸状，后干枯死亡。

(2)发病原因 低温是冬瓜早春或晚秋受冻的重要因素，尤其是寒流侵袭或突然降温降雨，会出现上述症状。寒害的发生因寄主不同而异，冬瓜耐寒能力弱，0℃～10℃就会受害，低于3℃～5℃生理机能出现障碍，造成伤害，尤其湿冷比干冷危害更大。低温时，根细胞原生质流动缓慢，细胞渗透压降低，造成水分供求不平衡，植株受到冻害。温度低到冻结状态时，细胞间隙的水分结冰，使细胞原生质和水分析出，冰块逐渐加大致细胞脱水，或使细胞涨离而死亡。

(3)防治方法 ①选用耐低温品种。②进行低温锻炼。

冬瓜对低温忍耐力是生理适应过程，原生质胶体黏性提高，酶活性增强，向耐寒性发展。因此，育苗期定植前低温锻炼十分重要。③选择晴天定植，冻前浇小水。④采用地面覆盖或植株上盖报纸或地膜效果好，棚室覆盖草帘。⑤熏烟或临时补温。⑥喷洒链霉素 500 毫克/千克，可使冰核细胞数量明显减少，是预防霜冻的主要方法之一。⑦冻后解救措施。特别注意冻后缓慢升温，日出后用草帘遮光，使受冻瓜生理功能慢慢恢复，不可操之过急。

57. 如何防治冬瓜“焦边叶”？

冬瓜在越冬栽培中，普遍出现“焦边叶”，影响产量和经济效益。该现象一般不是传染性病害造成的，属于生理性病害。

(1) 症状　中上部叶片发生较多。初始叶片边缘呈现黄色，后干枯黄化，围绕叶片 1 周，故称“焦边叶”。叶片中间向上隆起，边缘向下，呈降落伞状，故又称“降落伞状叶”。叶片的光合能力下降，产量降低。

(2) 发生条件及规律　该病因植株缺乏钙素造成。在温度较低的 12 月至翌年 1 月份，地温很低时发生严重。这是由于地温低，土壤中微生物活动能力降低，造成土壤中铵态氮与硝态氮的比例失调，铵态氮积聚过多，抑制了钙素的吸收。因而尽管土壤中不缺钙，冬瓜仍呈缺钙症状。土壤沙性太大，有机肥不足，土壤中钙缺乏时发生较重。用氮肥过多，特别是施用氮素化肥过多时发生严重，这是由于铵态氮肥多，抑制了钙素吸收的缘故。温室中发生冬瓜“焦边叶”的主要原因是冬季地温过低造成的。

(3) 防治方法　①提高日光温室内的地温。改进日光温室的结构，如加厚墙体，挖防寒沟，提高温室的高度，加大日光入射角，增加日光入射率，提高日光利用率。覆盖增温塑料薄膜、保温性能较好的草苫，温室内利用无纺布进行双层覆盖，温室北侧张挂反光幕。②深翻土壤。深翻土壤到 30 厘米以下，这样做有两个好处：一是土壤深度疏松，根系发育强大，吸收能力增强；二是土壤疏松，蓄水力强，在温度较高时浇水，土壤能积蓄更多的水分，减少寒冬温度低时浇水次数，防止浇水次数过多降低地温。为解决温室内翻地的困难，每 667 平方米地面可用免深耕土壤调理剂 200 克对水 100 升，喷洒。喷后能使 50～100 厘米深的土壤疏松通透。③增施有机肥，适量施铵态氮肥。施用化肥时，注意氮、磷、钾合理搭配。④寒冬生长期，喷施芸薹素硕丰 481 的 10 000 倍液或纳米磁能液 2 500 倍液 1 次，促进光合作用和根系的生长发育。⑤在温度较低的季节，每 3～5 天喷 0.2% 过磷酸钙或氯化钙溶液 1 次，补充植株的钙素供应，同时可增加细胞液的浓度，增强植株的抗寒能力。

58. 如何防止冬瓜裂瓜？

冬瓜发生裂瓜后不仅影响外观和品质，且对贮藏和销售十分不利，给菜农带来经济损失。

(1)发生原因 由于长时间干旱或控水过度，突浇大水，使果肉与果皮细胞吸水膨大不同步而引起果皮膨裂，或幼果受机械损伤出现伤口，在果实膨大过程中开裂引起的。缺钙时也会引起裂果。

(2)防止方法 ①采用深沟高畦或起垄吊架栽培法栽培。②增施有机肥，增加土壤透水性和保水力，使土壤供水均匀，促使植株健壮生长，并且要及时整枝，使果实发育正常。③果实顶端和贴地面的果皮厚壁细胞层较少，栽培中可将其翻转，以促进果实发育，防止裂瓜。必要时在果实膨大期喷洒0.1%硫酸锌或硫酸铜溶液，以提高其抗热和抗裂能力。④在花瓣脱落后喷洒15毫克/千克赤霉素溶液，每隔7天喷1次，连喷2～3次，也可防止裂瓜。

59. 冬瓜缺钾是什么原因？如何防治？

(1)主要症状 植株矮化，节间变短，叶片小，始呈青铜色渐变黄绿色，主脉下陷，叶缘干枯。失绿症先从下部老叶出现，逐渐向上部新叶发展。

(2)发生原因 ①土壤中含钾量低，施用堆肥等有机质肥料和钾肥少，易出现缺钾症。②地温低，日照不足，过湿，施铵态氮肥过多等条件阻碍对钾的吸收。

(3)诊断要点 ①注意叶片发生症状的位置，如果是下部叶和中部叶出现症状则可能缺钾。②生育初期温度低需覆盖栽培时，因气体障害有类似的症状，要注意区别。③同样的症状，如出现在上部叶，则可能是缺钙。④是否畸形果多（如扁头瓜、大头瓜等）。

(4)防治方法 ①施用足够的钾肥，特别是在生育的中后期不能缺钾。②施用充足的堆肥等有机质肥料。③如果钾不足，每667平方米可用硫酸钾15～20千克，一次追施。④应急措施。叶面喷施0.2%～0.3%磷酸二氢钾溶液或1%草木灰浸出液。

60. 冬瓜缺镁是什么原因？如何防治？

(1)主要症状 冬瓜在生长发育过程中，生育期提前，果实开始膨大并进入盛期的时候，下部叶叶脉间的绿色渐渐地变黄，进一步发展，除了叶脉、叶缘残留点绿色外，叶脉间全部黄白化。老叶先发生,逐渐向幼叶发展,最后全株黄化。

(2)发生原因　①在低温条件下,镁在冬瓜植株体内的移动速率降低,出现缺镁症。②土壤中磷、钾过多,阻碍了冬瓜对镁的吸收,尤其是日光温室栽培反应更明显。③土壤中铵态氮过剩时能使冬瓜缺镁症加重。

(3)诊断要点　①生育初期至结瓜前,若发生缺绿症,缺镁的可能性不大,可能是与日光温室等保护地因覆盖而受到气体的障害有关。②缺镁的叶片不卷缩。如果硬化、卷缩应考虑其他原因。③认真观察发生缺绿症叶片的背面是否有螨害、病害的症状。④缺镁症状与缺钾症状相似,区别在于:缺镁是从叶内侧失绿。缺钾是从叶缘开始失绿。

(4)防治方法　①土壤缺镁。在栽培前要施用足够镁肥,而且镁肥要与施用石灰结合起来。②避免一次施用过量的、阻碍对镁吸收的钾、氮等肥料。③应急对策。一旦发现叶片出现缺镁症,要用1%～1.5%硫酸镁或硝酸镁水溶液,喷洒叶面。

61. 冬瓜缺锌是什么原因?如何防治?

(1)主要症状　缺锌时,赤霉素含量降低,生长受到抑制,茎节短,叶较硬,新生叶较小,叶缘下垂;严重时出现簇叶生长点,症状像病毒病。叶脉间失绿,呈淡金黄色。

(2)发生原因　①光照过强易发生缺锌。②若吸收磷过多,冬瓜植株即使吸收了锌,也表现缺锌症状。③土壤碱性高,即使土壤中有足够的锌,但其不溶解,也不能被冬瓜所吸收利用。

(3)诊断要点　①缺锌症与缺钾症类似,叶片黄化。缺钾是叶缘先黄化,渐渐向内发展;而缺锌,全叶黄化,渐渐向叶缘发展。二者的区别是黄化的先后顺序不同。②缺锌症状严重时,生长点附近节间短缩。

(4)防治方法 ①做到平衡施肥,不要过量施用磷肥。多施有机肥料。②土壤缺锌时,每667平方米可施用硫酸锌1.5千克。③应急对策。用0.1%～0.2%硫酸锌水溶液喷洒叶面。

62. 冬瓜缺硼是什么原因?如何防治?

(1)主要症状 硼参与碳水化合物的分配和运转。缺硼叶片肥厚起疙瘩,由叶脉黄化向叶肉扩大,叶片外卷畸形,叶缘不规则褪绿呈细线状;缺硼严重时,生长点叶萎缩枯干,果实木质化,内有空洞。

(2)发生原因 ①在酸性的砂壤土上,一次施用过量的碱性肥料,易发生缺硼症状。②土壤干燥影响对硼的吸收,易发生缺硼。③土壤有机肥施用量少,日光温室土壤碱性高也易发生缺硼。④施用钾肥过多,影响对硼的吸收,易发生缺硼。

(3)诊断要点 ①从发生症状的叶片的部位来确定,缺硼症状多发生在生长点和上部叶。②叶脉间不出现黄化。③植株生长点附近的叶片萎缩、枯死,其症状与缺钙相类似。但缺钙叶脉间黄化,而缺硼叶脉间不黄化。

(4)防治方法 ①施用硼砂,每667平方米施0.5～2.0千克。喷施一般用0.1%～0.2%硼砂或硼酸溶液。②增施有机肥料,防止施氮过量。有机肥料全硼含量为20～30毫克/千克,施入土壤后能提高土壤供硼水平。同时,要控制氮肥用量,以免抑制硼的吸收。③土壤过于干燥时要及时灌水,保持湿润,增加对硼的吸收。

63. 冬瓜缺铁是什么原因？如何防治？

(1)主要症状 上部叶片除叶脉外变黄，严重时白化。芽生长停止，叶缘坏死，完全失绿。

(2)发生原因 磷肥施用过量，碱性土壤，土壤中铜、锰过量，土壤过干、过湿、温度低，易发生缺铁。

(3)诊断要点 ①缺铁的症状是出现黄化，叶缘正常，不停止生长发育。②调查土壤酸碱度。如出现上述症状的植株根际土壤呈碱性，有可能是缺铁。③在干燥或多湿等条件下，根的功能下降，吸收铁的能力下降，会出现缺铁症状。④检查植株叶片是出现斑点状黄化，还是全叶黄化，如果全叶黄化则为缺铁症，如果是斑点状黄化或叶缘黄化，则可能是因其他生理病害所致。

(4)防治方法 ①尽量少用碱性肥料，防止土壤呈碱性，土壤 pH 应为 6～6.5。②注意土壤水分管理，防止土壤过干、过湿。③缺铁土壤每 667 平方米施用 2～3 千克硫酸亚铁做基肥。④应急对策。用硫酸亚铁 0.1%～0.5%水溶液或 100 毫克/千克柠檬酸铁水溶液喷洒叶面。

64. 如何识别与防治冬瓜氮素过剩症？

(1)主要症状 叶片肥大而浓绿，中下部叶片出现卷曲，叶柄稍微下垂，叶脉间凹凸不平，植株徒长。受害严重时，叶片边缘受到随“吐水”析出的盐分危害，出现不规则黄化斑，并会造成部分叶肉组织坏死。受害特别严重的叶及叶柄萎蔫，植株在数日内枯萎死亡。

(2)发生原因 施用铵态氮肥过多，特别是遇到低温或把铵态氮肥施入到消毒的土壤中，消化细菌或亚硝化细菌的活动受抑制，铵在土壤中积累的时间过长，引起铵态氮过剩；易分解的有机肥施用量过大；棚室种植年限长，土壤盐渍化。

(3) 防治方法 ①应实行测土施肥，根据土壤养分含量和冬瓜需要，对氮、磷、钾和其他微量元素实行合理搭配科学施用，尤其不可盲目施用氮肥。在土壤有机质含量达到2.5%以上的土壤中，应避免每667平方米一次性施用超过5 000千克的腐熟鸡粪。②在土壤养分含量较高时，提倡以施用腐熟的农家肥为主，配合施用氮素化肥。③如发现冬瓜缺钾、缺镁症状，应首先分析原因，若因氮素过剩引起缺素症，应以解决氮过剩为主，配合施用所缺肥料。④如发现氮素过剩，在地温高时可加大灌水缓解，喷施适量助壮素，延长光照时间，同时注意防治蚜虫、霜霉病等病虫害。

65. 如何识别与防治冬瓜锰素过剩症？

(1) 主要症状 先从下部叶开始，叶的网状脉变褐，然后主脉变褐，沿叶脉的两侧出现褐色斑点。先从下部叶开始，然后逐渐向上部叶发展。

(2) 发生原因 土壤酸化，大量的锰离子溶解在土壤溶液中，容易引起冬瓜锰中毒。在使用过量未腐熟的有机肥时，容易使锰的有效性增大，也会发生锰中毒。

(3) 防治方法 土壤中锰的溶解度随着pH的降低而增高，所以施用石灰质肥料可以提高土壤酸碱度，从而降低锰的溶解度。在土壤消毒过程中，由于高温、药剂的作用等使锰的溶解度加大，为防止锰过剩，消毒前要施用石灰质肥料。注意田间排水，防止土壤过湿，避免土壤溶液处于还原状态。施用的有机肥必须完全腐熟。

六、冬瓜种植新模式

66. 日光温室冬瓜—辣椒一年两作种植模式是如何安排的?

冬瓜—辣椒一年两作种植模式在年前先种植冬瓜，收获冬瓜后翌年2月种植辣椒，在定植辣椒时不施用基肥。在冬瓜定植前一定要施用充足基肥。

(1)选用适宜的冬瓜品种和确定播种时间 冬瓜品种适用耐低温、弱光的小型品种，应选用坐瓜节位低、连续坐瓜能力强的品种，如北京一串铃4号和绿春小冬瓜等。在冬暖式大棚种植冬瓜，从播种到收获约需100天，播种期一般确定在10月上旬。

(2)整地起垄，施用充足基肥 上茬蔬菜种植结束后要及时清洁田园、平整土地，并结合深翻土壤每667平方米施用充分腐熟的优质圈肥8 000～10 000千克，同时施用过磷酸钙200千克，三元复合肥75千克。以后整地起垄，做成垄宽30厘米、垄高20厘米，大行距80厘米、小行距50厘米的栽培垄。

(3)培育无病壮苗 在冬暖式大棚中用营养钵或纸筒育苗。在冬瓜苗具5叶1心时定植，株距40～50厘米。每667平方米定植2 100株左右。

(4)科学管理，生产无公害的蔬菜产品 冬瓜定植后的管理包括温湿度、肥水、植株调整、人工授粉以及病虫害防治等各项工作，在前面已经述及，不再重复。在保护地栽培冬瓜，应注意以增加单株坐瓜量来提高产量。冬瓜果实达到商品瓜重后要及时采摘，以防坠秧，影响瓜的生长。冬瓜收获后要及时清除病株残体,保持垄的完整,准备下一茬蔬菜定植。

(5)选择适宜的辣椒品种和确定播种期 宜选择耐弱光、耐病毒,植株枝条较硬,株型紧凑,果皮厚的辣椒品种。①寿光羊角黄。山东省寿光市地方品种。早熟。第一果着生于主茎第八至第十节,果实羊角形,平均长19～25厘米,横径3厘米左右,果面光滑,果肉厚,适合贮运,辣味香浓,品质优良,平均单果重80克左右。植株长势强,抗病,耐低温,耐弱光,适合于保护地栽培。是当地早春大棚、温室辣椒栽培的主要品种之一。②天福二号。为韩国兴农研制的最新一代杂交种。该品种属中晚熟品种,生长旺盛,连续坐果能力特强。平均果长20～26厘米,果径3～4.5厘米,单果重80克左右。果色浅绿色,果形整齐而美观,辣味中等,果皮厚,商品性好。抗病能力强,适合保护地栽培。③掘金尖椒。为早熟、抗病、丰产型杂交新品种。适合保护地春秋茬种植。无限生长类型,坐果率高,连续坐果能力强,果实生长速度快,采果期长。果实微辣,果肉厚,果皮淡绿色富有光泽,果长35～38厘米,果径约6厘米,单果重180克左右。高抗病毒病、疫病、枯萎病,耐寒、耐高温性强。

(6)培育无病辣椒苗,打好高产基础 于12月下旬在大棚内搭建小拱棚,采用穴盘育苗。育苗基质可参考冬瓜育苗基质的配制,播种时1穴1粒种子。育苗过程中注意防治立枯病和猝倒病,发现病株时可用普力克水剂400～500倍液或大生M-45可湿性粉剂600倍液防治。待苗子有4～5片真叶时即可定植,株距40厘米,每667平方米定植2 000～2 300株。

(7)定植后管理 加强肥水管理,浇定植水后,在门椒和对椒坐住后结合浇水施肥,每次浇水施用三元复合肥40千克，注意防止肥水施用过早造成植株徒长引起落花落果。白天最适温度为23℃，夜间20℃，最低土壤温度20℃。开始收获后，要及时将小侧枝摘除，留2～3个主枝吊蔓生长，多余的叶片也要摘除，以便加强通风透光能力，减少病虫害发生。

(8)辣椒病虫害防治 春季栽培辣椒经常发生的病虫害有疫病、病毒病、叶霉病和茶黄螨等，可用80%大生M45可湿性粉剂800～1 000倍液、20%病毒A可湿性粉剂300～400倍液、10%宝丽可安可湿性粉剂800倍液和1.8%阿维菌毒乳油2 000倍液等药剂及时防治。

67. 怎样在日光温室栽培甜椒后期间种冬瓜？

在日光温室栽培甜椒间种冬瓜，主要是利用冬瓜比较耐热的生理特性，在8月下旬至9月上旬定植甜椒，翌年5月下旬至6月上旬定植冬瓜，两种蔬菜在棚室内有1个月的共生期。主要栽培措施如下。

(1)精细整地，施肥起垄 在甜椒定植前，要深翻土壤30厘米以上，结合深翻土地每667平方米施用充分腐熟的优质圈肥8 000～10 000千克，同时施用三元复合肥75千克，而后整平耙细起垄，做成宽30厘米、垄高20厘米、小行距宽50厘米、大行距宽80厘米的栽培垄。

(2)选用适宜的甜椒品种和确定播种时间 甜椒选用耐低温和弱光、果肉厚、耐贮运、连续坐果能力强的品种。①红泰。系以色列泽文公司最新育成的绿红兼用的大果型高产品种。无限生长，4心室，单果重250～300克。方形果，果肉厚而结实，表面光滑，品质佳。连续坐果能力强，耐贮运。抗烟草花叶病毒0、1、2型。耐生理性果斑病。适合秋延迟、越冬及早春大棚生产。②金多尔。为大果型黄色甜椒。方形果，果肉厚而结实，果型大，长势旺，转色快，连续坐果能力强。早熟品种，高产，耐贮运，生长期间不易裂果，具有良好的商品价值。抗烟草花叶病毒0、1、2型，耐生理性果斑病。适合秋延迟及大棚温室越冬生产。③奥瑞恩。系荷兰安莎公司培育的品种。植株生长健壮，中早熟，适应性广。坐果率高，坐果多而整齐，产量高。正方形果，果皮厚，平均单果重220克以上。果实亮绿色，成熟时由绿转为红色，丰产性好。抗烟草花叶病毒0号和细菌性斑点生理小种1、2、3号。一般在7月中下旬用穴盘育苗，育苗基质配制可参考冬瓜育苗基质的配制方法。在幼苗具4～5叶1心时即可定植，定植株距50厘米，每667平方米栽植2000株左右。

(3)甜椒定植后管理　甜椒浇定植水后，直到门椒坐住前无须进行肥水管理，只需要把门椒以下主干上着生的不定芽及时摘除。门椒坐住并长到如算盘珠大小时要加强肥水管理，每水带肥，每667平方米施用三元复合肥40千克。每浇2次水要浇一次清水，以提高肥料利用率。施肥要在摘果前进行，否则易导致徒长。及时摘除老病弱叶和枝背上的芽，增加田间通风透光能力。在四母斗椒后留3～4个壮枝吊蔓生长，其余主枝行摘心处理。甜椒在生长过程中主要发生疫病、根腐病等，可利用适用药剂进行防治。

(4)选用冬瓜品种和确定育苗时间　冬瓜品种选择可参阅本书“优良品种及栽培要点”部分，播种时间在4月下旬至5月上旬。

(5)冬瓜定植后管理　定植时株距为40～50厘米，每667平方米栽植2050～2500株，定植后管理可参阅本书第24问。

68. 怎样在日光温室中进行番茄、冬瓜间作生产?

番茄和冬瓜间作生产形式比较灵活，番茄既可在第一年进行秋延迟越冬栽培，也可连续种植两茬番茄后再间作冬瓜。番茄品种既可应用中大果型的品种，也可选用樱桃番茄品种。现把番茄的主要种植技术介绍如下。

(1)选用适宜的品种 选用耐弱光、低温性能强，着色均匀，果皮厚，耐贮运的品种。①百利。属无限生长型品种。早熟，生长势旺盛，丰产性好。耐热性强，在高温、高湿条件下能正常坐果，适合于早秋、早春日光温室和大棚越夏栽培。果实大红色，微扁圆形，中型果，单果重 200 克左右，色泽鲜艳，口味佳，在正常栽培条件下无裂纹、无青皮现象。质地硬，耐贮运。抗烟草花叶病毒病、筋腐病、黄萎病和枯萎病。②好韦斯特。属无限生长型品种。大果型，红色，果实外形美观，颜色鲜亮。果皮厚，硬度大，耐贮运。产量高，单果重 230 克左右。抗真菌性枯萎病、真菌性角斑病和真菌性溃疡病，抗根结线虫，高抗番茄马赛克病、斑点型枯萎病毒病。连续坐果能力强。③安达二号。为以色列品种。无限生长型。中熟品种，生长势强，连续坐果能力强。叶片短而小，果实扁圆形，单果重220～250 克，皮厚耐贮运，颜色鲜艳，耐低温，高抗线虫。适合大棚越冬及早春栽培。

适宜日光温室越冬和早春栽培的品种还有 189、FA-1903、FA-1425 等大果型番茄和圣女、FA-1306 等樱桃番茄。

(2)培育无病壮苗 秋延迟越冬栽培番茄宜在 7 月下旬至 8 月上旬育苗，早春栽培 12 月下旬至翌年 1 月上旬育苗。育苗最好用营养钵和穴盘育苗。育苗基质要充分消毒，出苗后及时喷洒普力克，以防止猝倒病发生。

(3)整地、施肥、起垄 定植前要深翻土地 30 厘米以上，结合翻地每 667 平方米施入优质圈肥 6 000～8 000 千克，三元复合肥 80 千克，磷酸二铵 20 千克。番茄越冬栽培和早春栽培采用大小行起垄栽培，规格是大行距宽 80 厘米，小行距 50 厘米，垄高 20 厘米，垄宽 30 厘米，株距 40～50 厘米，每 667 平方米栽植 2 000 株左右。

(4)定植后管理 采用单干整枝方法，每穗果留 3～4 个果。有 5～7 穗果时，为增加坐住果实的营养可摘心打顶，用侧芽代替主干。第一穗果坐住后要加强肥水管理，约 15 天左右浇 1 次水，每隔 1 次水，每 667 平方米随水冲施三元复合肥 20 千克，进入开花结果期后，要及时吊蔓、摘除侧枝和老弱病叶，防止田间郁闭，加强通风透光。要及时疏花疏果，防止浪费营养，保证果实大小均匀，提高果实商品率。点花时可用 25～30 毫克/千克的 2,4-D 药液，冬季的浓度为25～30 毫克/千克，夏季为 20～25 毫克/千克。番茄在生长过程中易发生灰霉病、叶霉病、青枯病等病害，可选用适宜药剂及时防治。

(5)冬瓜育苗时间 根据番茄收获时间，冬瓜育苗可在 12 月下旬播种，也可在翌年 4 月下旬播种。其他种植管理技术参考本书第 24 问。

69. 怎样在日光温室中进行茄子、冬瓜间作生产？

(1)选用茄子品种 ①布利塔。植株开展度大，花萼小，叶片中等大小，无刺，早熟，丰产性好，生长速度快，采收期长。果实长形，平均果长 25～35 厘米，直径 6～8 厘米，单果重 400～450 克。果实紫黑色，质地光滑油亮，绿把，绿萼，比重大，味道鲜美。货架期长。每 667 平方米产量达 18 000 千克以上，适合日光温室越冬和早春种植。②尼罗。植株开展度大，花萼小，叶片小，无刺，早熟，丰产性好，采收期长。果实长形，平均果长 28～35 厘米，直径 5～7 厘米，单果重 250～300 克。果实紫黑色，质地光滑油亮，绿把，绿萼，比重大，味道鲜美。货架期长。每 667 平方米产量达 16 000 千克以上。适合日光温室越冬和早春栽培。③利箭。植株生长旺盛，开展度大，叶片小，果形整齐一致，长 25～35 厘米，直径 4～6 厘米，单果重 200～300 克，上下粗细均匀，正常管理情况下很少有大头果。果实有光泽，绿萼，果梗长，易采收，高产，抗黄萎病、红蜘蛛。适合日光温室越冬及早春栽培。

此外，适合日光温室越冬及早春栽培的品种还有快圆、二茛、日本黑又亮等圆茄品种。

(2)培育无病壮苗 茄子在 7 月下旬至 8 月上旬育苗，茄子根木质化早，损伤后不易缓苗，故应用穴盘或营养钵育苗。育苗基质配制可参考冬瓜育苗基质的配制。育苗基质要充分消毒，如果种植的地块线虫发生较重，可用抗根结线虫的砧木如托鲁巴姆、无刺长盛进行嫁接防病。出苗后用普力克300～500 倍液喷雾，也可防治立枯病和猝倒病。当茄苗具 4 叶 1 心至 5 叶 1 心时即可定植。

(3)整地、施肥、起垄 定植前要深翻土地 30 厘米以上，结合翻地每 667 平方米施入优质圈肥 8～10 立方米，三元复合肥 80 千克，磷酸二铵 20 千克。采用大小行起垄栽培，大行距宽 80 厘米，小行距宽 60 厘米，垄高 20 厘米，垄宽 30 厘米，株距 50 厘米，每 667 平方米栽植 1 800 株左右。

(4)茄子定植后管理 茄子浇过定植水后，到门茄坐住前无须进行肥水管理，只需要把门茄以下主干上着生的不定芽及时摘除即可。门茄坐住并长到如算盘珠大小时要加强肥水管理，隔水带肥，每 667 平方米施用三元复合肥 40 千克，每浇

3 次肥水浇 1 次清水，以提高肥料利用率。施肥要在摘果前进行，否则易导致徒长。老病弱叶和枝背上的芽要及时摘除，以增强田间通风透光能力。在四母斗茄后留 3～4 个壮枝吊蔓生长，其余主枝行摘心处理。要及时进行人工授粉。可用 20～30 毫克/千克的 2,4-D 液涂抹花柄，冬季使用浓度为 25～30 毫克/千克，夏季为 20～25 毫克/千克。茄子在生长过程中主要发生黄萎病、根腐病和褐斑病等，可选用适宜药剂及时进行防治。

(5)冬瓜育苗时间　冬瓜在翌年 4 月下旬至 5 月上旬育苗，5 月下旬至 6 月上旬定植。其他种植管理技术略。

70. 早春大棚冬瓜—夏白菜—秋冬芹菜无公害栽培技术包括哪些关键措施?

早春大棚冬瓜—夏白菜—秋冬芹菜一年三种三收无公害栽培，夏季不揭棚膜，上面加盖一层遮阳网，卷起前裙棚膜，利用防虫网罩通风，降雨时放下棚膜防雨，雨后卷起通风降湿；越冬芹菜缓苗后撤掉遮阳网，随着温度的降低，逐渐减小通风。

(1)早春冬瓜　①选用适宜品种。选用早熟、高产、优质、抗病性强、商品性状好的小型瓜品种，如北京一串铃冬瓜、春早 1 号。单瓜重为 2～3 千克。②育苗。2 月初采用改良阳畦在温室内营养钵育苗。用无菌砂壤土 6 份、腐熟的优质圈肥 4 份配制营养土。每立方米营养土中加入三元复合肥 2～3 千克，50%多菌灵可湿粉 100 克，复合肥和多菌灵配成水溶液后喷洒在配好的营养土上调匀。浸种催芽，每钵平放 1 粒种子，覆土 1.5～2 厘米厚。播种后棚内白天温度保持25℃～

28℃,夜间 15℃～18℃;出苗后适当降温,白天保持 23℃～25℃,夜间 12℃～16℃。真叶长出后叶面喷施糖氮液(0.2%蔗糖+0.2%尿素)或 0.2%磷酸二氢钾和尿素混合液。苗龄 30 天左右,幼苗具 3～4 叶时定植。定植前 7～10 天通风炼苗。③整地施肥。在大棚内挖宽 1 米、深 0.5 米的条沟,沟距 3 米。每 667 平方米在沟内施腐熟鸡粪 4 000 千克,三元复合肥 50 千克,过磷酸钙 100 千克,硫酸钾 50 千克,豆饼或棉籽饼 60 千克。④移栽定植。3 月初在每条沟内定植 2 行冬瓜,行距 0.5 米,株距 0.5 米,两沟间大行距 3 米。定植后盖上地膜、搭小拱棚,夜间在小拱棚上盖草苫。⑤加强管理。采用单蔓整枝法整枝。去掉第一雌花,在第二、第三雌花开放时采雄花为雌花人工授粉,或用 20～30 毫克/千克的 2,4-D 或 30～50 毫克/千克的防落素+50 毫克/千克的赤霉素混合液蘸花并抹涂子房,为防病还可加入多菌灵 500 倍液。每株留 1～2 个瓜,坐瓜后及时追肥浇水,增施二氧化碳气肥。⑥采收。4 月中下旬头茬瓜长到 1～1.5 千克时即可采收。第一茬瓜采完后在植株基部 20～50 厘米处剪蔓。破膜深中耕施肥,每 667 平方米开沟施尿素 20 千克,三元复合肥 20 千克。待重新发蔓后留 3 蔓,每株留瓜 1～2 个。第二茬冬瓜 6 月下旬开始采收上市。

(2)夏白菜 ①选择适宜品种。选用抗病、耐热、耐湿、生长结球迅速的夏阳 50、热抗 50、德高 16 等品种。②整地播种。冬瓜拔秧后每 667 平方米施土杂肥 3 000 千克,磷酸二铵 50 千克,深耕整地,起垄做畦,畦宽 70 厘米,沟宽 30 厘米。6 月底至 7 月初在每畦上播种 2 行,行距 45 厘米,穴距 40 厘米,每穴播种 2～3 粒,每 667 平方米留苗 4 000～4 200 株。③田间管理。2 叶 1 心时间苗,6～7 片叶时定苗,及时中耕除草。定苗后进入发棵期，结合浇水每667平方米追施尿素15千克。结球初期每667平方米追施尿素20千克。此时期气温高，蒸发量大，浇水以地面见干见湿为度。④病虫害防治。因采用遮阳避雨栽培，通风口又设防虫网，所以病虫害较轻。苗期喷1～2次农用链霉素4 000倍液防治软腐病，用10%吡虫啉2 000倍液和菊酯类高效低毒农药防治蚜虫、菜青虫。⑤收获。夏白菜一般在播种后50～60天，叶球重达1.5～2千克时即可采收上市。收获期为8月底至9月初。

(3)越冬茬芹菜 ①选择适宜品种。选用生长迅速、耐低温、不易抽薹的美国加州王、高优他、文图拉、津南实芹等。②遮阳育苗。7月中旬选地势高处建育苗床，上盖遮阳网。播种前用凉水浸种8～12小时，捞出沥干水分，用细潮土调匀撒播，播后轻搂一遍，浇透水。出苗前保持土壤湿润，出苗后间苗除草2～3次。苗高10厘米时叶面喷施0.2%～0.3%磷酸二氢钾液1～2次，以促进幼苗健壮生长。③腾茬定植。夏白菜收获后要清理干净残叶烂根，病害严重的地块要喷洒相应的杀菌剂消毒。每667平方米施腐熟的有机肥4 000千克，磷酸二铵50千克，硫酸钾30千克，过磷酸钙30千克，硫酸锌1～2千克。深耕15厘米，做平畦，按行距15～20厘米、株距10～15厘米开沟定植。定植前1天苗床浇透水以利于起苗，起苗时留主根3～5厘米长，定植深度3～5厘米。浇足定植水，缓苗后心叶开始生长时浇1次小水，并每667平方米冲施尿素5千克或碳酸氢铵15千克，以后浅中耕蹲苗。当心叶开始直立生长、地下根系大量发生时开始追肥浇水，始终保持地面湿润。植株30厘米高时开始喷施50毫克/千克赤霉素溶液，每隔10～15天喷1次，结合浇水、追肥进行。④采收。擗收的，可在植株有4～5片大叶时每株采2～3叶，采后第二天追肥浇水。一次性收获的，在株高40～50厘米时进行。⑤防病治虫。防治叶斑病，可叶面喷施50%甲基托布津800～1 000倍液或50%多菌灵1 000倍液；闭棚后可施用烟雾剂。防治蚜虫，可用10%吡虫啉2 000倍液或菊酯类农约喷雾。

第二部分 瓠 瓜

一、瓠瓜育苗技术

71. 怎样用生物有机肥配制瓠瓜育苗营养土？

生物有机肥是以畜禽粪便、城市生活垃圾、农作物秸秆、农副产品和食品加工产生的有机废弃物为原料，配以多功能发酵菌种剂，经快速除臭、腐熟、脱水后，再添加功能性生物菌种剂加工而成的含有一定量功能性微生物的有机肥料。它符合生产安全、无公害绿色农产品的肥料要求。

育苗营养土要求质地疏松，透气性好，养分充足，保水保肥性强。一般用生物有机肥配制育苗营养土的方法是：用熟化、肥沃、没有种过瓜类的菜园土60%、细沙20%、生物有机肥20%，混合均匀后过筛，并加入适量的氮磷钾速效养分。速效养分的添加量控制在：速效氮150～300毫克/千克，五氧化二磷200～500毫克/千克，氧化钾400～600毫克/千克。育苗土中添加化肥的量可根据其有效养分含量推算，一般100千克育苗土中加过磷酸钙3千克，硫酸钾0.2千克，硫酸铵0.5千克。如果采用床土育苗，一般每平方米苗床土用生物有机肥2千克，撒施后结合翻地与15厘米耕层内的土壤混合均匀后播种。

72. 瓠瓜播种前如何进行种子处理？

瓠瓜种子由于其种皮较厚，在种子发芽的过程中往往由于出芽不 致，造成大小苗不均匀，不能在适龄幼苗定植，造成定植后幼苗的整齐度不够好，影响正常的管理和产量的提高。在育苗时，要进行种子处理，以利于种子的发芽。主要的种子处理方法如下。

(1)晒种处理 在播种前选晴天晒种1～2天，晒种时要在地面上铺一层布或报纸，不要将种子直接放在水泥地面或柏油路的路面上，晒种子时要不断地翻动，防止种子在太阳下温度过高对种子造成伤害。晒种处理可以提高种子的温度，打破种子的休眠，提高种子的发芽率和发芽势，提高幼苗的整齐度；同时晒种处理可以杀死部分附着在种子上的病原菌和部分虫卵，减少病虫害的发生。

(2)温汤浸种 播种前将瓠瓜种子放入温水进行浸种处理，按照种子的重量准备同等重量的65℃温水，将种子倒入温水中，同时不断搅拌，直到水温降到25℃左右，种子在水中浸泡1小时左右，将种子捞出用清水将种子上附着的杂质冲洗干净。温汤浸种可以促进种子吸水，打破种子的硬实，提高种子的发芽率和发芽势，提高幼苗的整齐度；同时温汤浸种可以杀死部分附着在种子表面的虫卵和病原菌，减少病虫害的发生。

(3)磷酸三钠浸种 播种前用与种子同等重量的10%磷酸三钠溶液浸泡种子30分钟，在浸泡过程中要不断地搅拌，使种子与磷酸三钠溶液充分混合。再用清水将种子冲洗干净播种或催芽。用磷酸三钠浸种可以将种子带的病毒进行钝化，减少病毒病的发生，该种子处理方法在夏、秋高温季节对瓠瓜种子是非常有效的。

(4)赤霉素处理 用4%赤霉素1 000倍液将瓠瓜种子浸泡60分钟，捞出后用清水冲洗干净，再播种或催芽。用赤霉素处理种子可迅速打破种子的休眠，促进种子的快速萌发，该处理方法对于陈种子处理的效果尤其明显。

(5)硝酸钾处理 用1%硝酸钾溶液浸泡种子60分钟，将种子捞出后冲洗干净再播种或催芽。用硝酸钾处理瓠瓜种子可明显提高种子的发芽势，提高种子发芽的整齐度，同时种子发芽后幼苗健壮，提高了幼苗抗寒和抗旱能力。

73. 什么是瓠瓜穴盘育苗技术？

瓠瓜穴盘育苗是近几年发展起来的新技术之一，解决了传统育苗方法中存在的以下缺点：采用传统育苗出苗不齐，育成的苗大小不均匀，适合于定植的壮苗比例较低，即育苗的成苗率较低；采用传统育苗，苗期的病害发生较多，主要是因为传统育苗技术中，育苗土壤中带有大量的病原菌，导致病害发生较重，尤其是阴雨天病害更易于发生，往往造成大量的毁苗；采用传统育苗技术育苗，土壤中的水分不易调控，造成苗徒长，影响苗期花芽的分化，造成花芽分化不充分，影响瓠瓜的产量和质量。

(1)穴盘选择 一般瓠瓜育苗选用的穴盘是50孔或72孔的穴盘。选用穴盘的单个穴孔的容积应不低于50毫升。

(2)基质配比 瓠瓜育苗基质一般采用草炭、蛭石和珍珠岩混合配制，草炭、蛭石、珍珠岩混合比例为3∶2∶2，在冬季可以适当增加珍珠岩的比例。在进行配比时，首先要对草炭理化性质进行测定，因为各国各地生产的草炭的理化性质有很大的差别，一般草炭的理化指标是：pH为5.5～6.5，EC值在 2mS/cm(毫西门子/厘米,下同)左右,但由于草炭的埋藏位置不同,上位草炭、中位草炭和下位草炭的理化性质有较大的差别,在实际工作中首先要对草炭的性质进行测定,再根据草炭的理化指标进行调整;一般蛭石和珍珠岩的理化性质比较稳定。要求配成的基质达到既能保水保肥又有一定的透气性,其理化指标是:基质的比重为 0.3 克/毫升,pH 为 6~7,其 EC 值为 1.2~1.6mS/cm。

(3)基质装盘 要采用干基质直接装盘,不要把基质用水和湿后再装盘,用一窄木板轻轻刮平穴盘的表面即可。将装好的穴盘摞在一起稍稍用力压一下,即可利用穴盘进行打孔,一般瓠瓜的种子较大,打孔的深度在 1.5 厘米左右,打孔后即可播种。

(4)种子播种 瓠瓜种子由于种皮较厚,吸水时间较长,播种前要进行种子处理。将处理后的种子直接播种在穴盘的穴孔中,用蛭石覆盖,将蛭石撒在穴盘上用窄木板沿穴盘的表面将多余的蛭石刮去。给苗盘浇水,直到浇透为止。

(5)种子催芽 将浇透水的苗盘移入育苗棚中进行催芽处理,可在苗盘上盖草苫,温度保持在 25℃~30℃进行催芽,约 5 天后将苗盘平摆在苗床上等待出苗。种子催芽期间一般情况下不需要浇水,否则,水分过大易引起烂种和二次休眠,不利于出苗。

(6)幼苗管理 种子出苗后,要及时观察,根据出苗的情况及时管理,出现带种皮出土的现象要及时除去种皮,可先用小喷壶在上午水分大时用清水将种皮喷湿,大约 10 分钟后种皮变软,可用手轻轻地将种皮除去,注意不要将子叶弄破。种子带种皮出土是播种过浅或基质的含水量过少造成的,要根据情况及时采取相应的措施,对于基质含水量过少的要适量补充水分。幼苗出土的当天即开始以防止苗期病害和培育壮苗为主要目标，可在出苗后1～2天内选用72.2%普力克，50%的扑海因，30%的苗菌敌，75%百菌清等1 000倍液喷雾，防止苗期病害发生。夏季和秋季要注意防止害虫吃苗，尤其是小地老虎、蝼蛄和蟋蟀可在一夜之间将大量幼苗啃食或啃断，须在苗床周围撒毒饵防治，毒饵可以用麸皮拌上万灵3 000倍液加水拌湿制成。

在幼苗的子叶全部展开后，利用穴盘育苗，要及早追肥，因为基质中所含的营养有限，追肥可以采用以水带肥的方法，在浇水中加入全溶性三元复合肥2 000倍液，浇肥次数与浇水次数间隔进行。幼苗长到4叶1心时即可定植。

二、瓠瓜栽培管理

74. 如何促进瓠瓜多形成雌花？

秋延迟和越冬茬瓠瓜苗期处于高温季节，日照长，雌花形成迟。用乙烯利在瓠瓜幼苗期进行喷花处理，可促进雌性器官的发育，使原来着生雄花的主茎节位形成雌花，降低雌花着生节位，多结瓠瓜，既可增产，又能促进早熟，从而提高瓠瓜种植效益。

(1)喷施时间　瓠瓜喷施乙烯利的适期为幼苗具3～5片真叶期，每隔7～10天喷1次，共喷2～3次。

(2)喷施浓度　用于控制瓠瓜性别的乙烯利适宜浓度为100～200毫克/千克。在具体施用时则应根据喷施次数而定，一般喷2次时以150～200毫克/千克的稀释液为宜，喷3次则以100～150毫克/千克的稀释液为宜。

(3)喷施方法 晴天下午4时以后，用配制好的乙烯利药液均匀喷洒瓠瓜全株叶片及生长点，喷洒时力求雾粒细小。

(4)注意事项 每个大棚中应有10%的植株不做药物处理，以备做授粉之用。

瓠瓜植株经过乙烯利处理后，雌花增多，节间变短，主蔓从第十节开始形成雌花，一直延续到第二十节左右，早期产量可增加25%左右，提早成熟7～10天。但要使幼瓜坐住并正常发育，还必须加强管理，确保充足的肥水供应，且一促到底。在生长中后期用0.3%磷酸二氢钾与3 000～4 000倍的爱多收混合溶液喷施3～5次，保证植株营养生长与生殖生长的旺盛，防止早衰。

75. 保护地瓠瓜如何正确授粉?

在瓠瓜早熟栽培过程中，气温较低，雄花花粉少，且结果前期开棚次数少，棚内传媒的昆虫几乎没有，授粉受精不良，常造成畸形瓜多，化瓜严重。因此采取人工授粉是保证瓠瓜早熟栽培获得明显效益的一项关键措施。

具体做法是：每天下午采摘将在翌日开放的雄花存于室内，或于日出后2小时内采摘当日开放的雄花，取其花粉直接涂抹于当日开放的雌花上。初生雌花子房上被白色茸毛，授粉过程应尽量不要用手拿握子房部位，以免造成损伤，影响以后成品瓜的外观。1朵雄花可为3～5朵雌花授粉。如雄花不够用，可用西葫芦雄花代替。

保护地种植在阴雨天较多的情况下，如雌花少，喷洒150毫克/升乙烯利1～2次，可大大提高雌花率。也可用吡效隆10毫克对水0.75～1升，于雌花开放的当天或前后一天浸蘸瓜胎。

76. 保护地栽培瓠瓜如何进行植株调整？

保护地栽培瓠瓜密度较大，每 667 平方米大部分适栽品种定植 2 000 株以上，在生产实践中植株调整一般采用单干整枝的方法。植株调整包括吊蔓、打杈、落蔓等措施，通过这些措施，可调整植株蔓叶生长，合理利用空间，集中养分，从而保证果实的充分发育。

(1)吊蔓 吊秧时，可在后立柱上距地面 2～2.2 米处东西向固定 1 根 10 号铁丝，在前立柱近顶端东西向也固定 1 根 10 号铁丝，再按栽培行方向(南北向)每行固定 1 根 16～18 号铁丝，两端分别系在前、后立柱的铁丝上。当植株具 6～8 片叶、株高达 60～70 厘米时，要用尼龙绳及时把主蔓吊起来，以改善通风透光的条件，防止植株长期在地面上生长而加重病害的发生。吊架时，把系到铁丝上的绳多留出 1.5 米长(注意一定要系活扣)。

(2)打杈 用乙烯利处理的瓠瓜，在主蔓第二十节以前以主蔓结瓜为主，侧蔓全部摘除。植株进入开花结果期以后。在主蔓第二节后及时打顶，促进子蔓发生，以侧蔓结瓜为主，每条子蔓选留 1 个发育良好的雌花，并在雌花上部留 2 片叶摘心，须保留最上部 1 条子蔓不摘心。若未经乙烯利处理，可在主蔓长至 10 片叶时摘心，促进发生子蔓，子蔓留瓜后同前法处理。打杈在侧蔓抽出 10 厘米时进行为宜，时间在晴天的中午前后为好，以利于伤口快速愈合。

(3)落蔓 植株生长后期主蔓已长得较长，对主蔓下部衰老变黄的叶片摘除后要进行落蔓，落下的主蔓盘在植株附近，防止田间发生郁闭现象，增加通风透光能力。落蔓时把活扣打开，将绳下落一些，瓠瓜秧的落蔓即告完成。之后再重新将绳以活扣的方式系好顺拉在铁丝上，为下一次落秧做准备。这样做仅仅是落绳，瓠瓜秧不需要再往绳上绕上绕下，不但节省了大量的用工时间，而且瓠瓜秧也不会受伤。

落蔓时要注意以下事项：①落蔓的时间要适宜。选晴暖天午后，茎蔓含水量低、组织柔软时落蔓，以避免和减少落蔓时伤茎。②落蔓动作要得当，将瓠瓜茎蔓轻轻从架上解开落下，盘绕茎蔓时要随着茎蔓的弯向打弯，避免折断或扭裂茎蔓。③落蔓前适当控制浇水，降低茎蔓组织中的含水量，增强茎蔓组织的韧性。落蔓后加强肥水管理，促发新叶。另外，追肥时宜采用地面冲施肥法补充肥料；浇水采取小水勤浇方法，避免大水浸泡茎蔓。④必须保留足够的功能叶，每株保持功能叶 20 片以上。具体高度应据瓠瓜长势灵活掌握，若下部瓜很少或上部雄花多、雌花少，瓜秧长势旺，可一次多下落些，否则可少落些。注意保证棚内植株间高度相对一致，即东西方向高度一致。南北方向是北高南低趋势。⑤温度管理要点。落蔓后的几天里，要适当提高温室内的温度，促使茎蔓伤口愈合。

77. 日光温室内湿度变化有何规律？如何进行调节？

(1)土壤湿度　日光温室土壤水分的主要来源是建温室前或温室休闲期自然降雨在土壤中的贮存以及生产期间的灌水。土壤中的水分消耗有两条途径：一条是蔬菜作物的蒸腾；另一条是地面的蒸发。每茬蔬菜作物生长前期是以地面蒸发为主，作物蒸腾量较小；后期蒸腾大于蒸发量，只有刚灌完水，蒸发量才加大。

温室前屋面覆盖塑料薄膜，气密性好，蒸腾和蒸发的水分不容易散失。覆盖普通薄膜时，室内水气与冷的膜面接触，在内表面凝成水雾，聚成水滴，滴到地表，使土壤水分不均匀，经常洒落水滴的地方会因湿度过大而造成作物沤根。因此，日光温室冬春茬瓠瓜生产最好要覆盖无滴膜。另外，日光温室在冬季很少通风的前提下，土壤水分消耗少，由于土壤毛细管的作用，即使土壤下部水分不足时，土壤表面也经常保持湿润状态。这种不缺水的假象容易使人在水分管理上造成错觉，在实际生产中应注意辨别。

日光温室调节土壤湿度的方法主要是灌溉。当前普遍采用垄作覆地膜、暗沟灌水，有条件的进行软管滴灌。温室内土壤湿度有季节变化和日变化规律，灌溉必须按规律进行。冬季温度低，瓠瓜生长缓慢，加上通风量小，水分消耗少，灌 1 次水土壤水分持续时间长，灌水次数宜少，灌水量也不宜过大；秋末和春末夏初，气温高，光照充足，瓠瓜生长旺盛，地面蒸发、瓠瓜蒸腾量都大，通风时间长，放风量大，水分消耗多，灌水次数要增加，灌水量亦需增大。另外，还要根据瓠瓜不同生育阶段调节灌溉，在生育初期灌水量要小，在结果旺期要增加灌水量。灌溉要视天气状况进行，阴雨天不要灌溉，最好选在晴天 8～11 时灌溉。

(2)空气湿度　日光温室封闭严密，室内空气湿度较大，白天多在 70%～80%以上，夜间达到 90%～95%，形成了一个高湿环境。这种高湿条件不但对瓠瓜生育不利，还会引起病害的发生和蔓延。温室空气相对湿度的大小，一方面取决于温度的高低，另一方面也取决于地面蒸发和叶面蒸腾。在单位体积空气中含有水气质量相同的情况下，温度越高空气相对湿度越小；当蒸发和蒸腾量大时，空气相对湿度就大。

日光温室的空气相对湿度变化表现为低温季节大于高温季节，夜间大于白天，阴天小于晴天，灌水后湿度加大，通风后湿度下降。一般每天揭开草苫后十几分钟内空气相对湿度最高，以后随着温度的升高逐渐下降，13～14 时下降到最低值；往后随着温度的下降又开始升高，盖草苫后很快升高。

调节温室内空气相对湿度的措施主要是覆盖地膜以减少地面蒸发，张挂反光幕增加光照度，提高气温和地温以及通风排湿。①改变温度。棚内温度升高，则空气相对湿度降低；反之，则升高。如棚内湿度为 100%，棚温为 5℃；每提高 1℃气温，湿度约降低 5%；在 5℃～10℃时，每提高 1℃，湿度约降低 3%～4%；温度为 20℃时，湿度为 70%；温度为 30℃时，湿度为 40%。相反，如果温度下降到 18℃，则空气相对湿度可升到 85%，温度下降到 16℃时，空气相对湿度几乎可以达到 100%。②通风换气。通风是大棚最简便的降湿方法。每次灌水后，在不影响温度条件的情况下，都要加大通风量，将湿气排出棚外，换入外界的干燥空气，降低棚内空气相对湿度。薄膜的透气性和透水性都较差，平时要注意通风。

78. 怎样培育棚室瓠瓜根系？

在以往的瓠瓜生产中，尤其是保护地瓠瓜生产，不论在理论上还是在实践上，都把注意力放在改善温、光、气等空间的条件上，而对改善土壤的环境，创造一个有利于根系发展和保持其旺盛活力的工作不够重视。根深才能叶茂，只有创造发达且具有旺盛生命力的根群，才能获得高产优质。目前，促进棚室瓠瓜根系发达的农业措施主要有以下 5 条。

(1)深翻增施农家肥 深翻是清除土壤板结、增加活土层的基础。在深翻的同时，大量施入农家肥，不仅可以给作物提供长效多元素的营养，同时还可以改良土壤结构，提高土壤理化性能，为瓠瓜的生长提供具有良好通透条件和缓冲能力强的土壤。

(2)培育多根苗和护好苗根 多数瓠瓜的基本根系是在育苗期形成的。育苗期间，培育根系发达的秧苗，并在育苗过程和移栽时保护好这些根群，不仅有利于缓苗生长，而且对以后的生长发育具有重要作用。从护根的角度来看，采用营养钵、塑料筒或纸袋等容器育苗是非常必要的。育苗期间“囤苗”、定植后“蹲苗”都可以诱发新根的发生和深扎。

(3)科学配方施肥 不同的肥料对根系的发生与发展作用是不一样的。例如，钙直接影响根尖分生组织的成长，锌决定根尖的生长速度，磷能促进根系细胞的分裂、增殖和伸展。掌握了这些知识，不论苗床施肥，还是栽培地施肥，均应重视施用过磷酸钙和硫酸锌。如果在过磷酸钙肥料中掺入一定数量的食用醋，可形成具有一定溶解度的醋酸钙，能增加瓠瓜对钙的吸收机会。

(4)注意保护好根系 根系在其生命过程中会因低温、高温、积盐、肥烧和机械损伤而受到伤害。地温低时，根系会发生寒根和沤根；高地温，会使根系过快地衰老；土壤的高溶液浓度会使根尖和根毛受到损伤和抑制，使根系的吸收能力大大降低；施肥不当或不适宜的中耕松土可能会直接使根系受到损伤。因此，在棚室生产中，在深翻改土、增施有机肥的基础上，适时种植、适期定植（播种）、适时覆盖和揭除地膜、科学施肥和中耕松土等，都是保护根系的重要措施。

(5)伺机促进根系的恢复 在棚室瓠瓜长期栽培中，在经历低温等不良环境一定时间之后，为了尽快促进根系恢复，一般都要伺机灌施纳米磁能液等药剂或钙、锌、磷复合肥。

79. 保护地瓠瓜生产如何正确地进行肥水管理？

保护地瓠瓜生产以采收嫩瓜为目的，生长期长，需肥量大；瓠瓜又是一种耐肥性强的蔬菜，瓠瓜的保护地生产的肥水管理有其本身的特点，因此，在生产中要根据瓠瓜各生育期的不同特点和需肥特性，进行肥水管理。

(1)施用充分腐熟的充足基肥 在定植前要结合深翻土地，每667平方米施用充分腐熟的有机肥6 000～8 000千克，同时施用过磷酸钙200千克，以满足瓠瓜生长前期对磷的需要。定植后要浇1次缓苗水。

(2)追肥 追肥的原则是从定植到瓜坐住以前，要适当节制肥水，控制营养生长，以利于坐果。果实坐住后，果实迅速膨大期要重施肥水，要以水带肥。肥水施用的模式是：第一次浇水时，每667平方米施用三元复合肥50千克；第二次浇水时，则减半施用肥料；第三次浇清水，以提高肥料的利用率。三次浇水为一个循环。11月上旬以前，每5～7天浇1次水。11月上旬以后温度较低，要控制浇水次数，不旱不浇水，连阴天前不浇水，以防止人为增加湿度、降低温度。确需浇水时，要在天气变化过程中的冷尾暖头的晴天上午浇水。春季转暖后，浇水施肥同11月上旬以前。

(3)叶面追肥 瓠瓜在生长后期，根系吸收能力减弱时或长期在低温条件下生长时，或施用容易被土壤固定的微量元素时，均可以进行叶面追肥。叶面追肥常用的浓度是：0.3%～0.5%的磷酸二氢钾，0.5%的硼砂，0.3%～0.5%的氯化钙，0.1%～0.3%的硫酸锌。此外，一些螯合态肥料或氨基酸肥料也可用于叶面喷施。

80. 什么是秋延迟瓠瓜大棚覆盖栽培技术?

(1)播种育苗 秋瓠瓜从7月中下旬至8月中下旬均可播种。播种过早,由于温度高,病害严重;播种过迟,由于生育期短,产量低。播种前7～10天,深翻土地,施足基肥,每667平方米可撒施腐熟有机肥2 200千克,三元复合肥25千克,撒施后翻耕做畦,畦宽1米,畦高25厘米。

播种前选晴天晒种1～2天,以利于发芽,然后用50℃温水浸种20分钟,杀死种壳表层寄生的病菌,捞出后用常温水浸种,吸足水分即可播种。

瓠瓜催芽怕高温,最适发芽条件为25℃左右。如催芽温度偏高,发芽率低;温度偏低,发芽时间延长。因此,秋瓠瓜种子催芽宜在遮光的环境中进行。

(2)定植 当瓠瓜苗具3片真叶时定植最好,要求苗的下胚轴粗壮,叶片短,苗高8～10厘米,根系发达。也可用子叶苗定植。移栽在晴天傍晚或阴天进行为好,注意防止高温败苗。每667平方米栽1 000株左右。移栽后及时浇活棵水。移栽结束后及时把大棚围裙膜去掉,以利于通风降低棚内温度,调节瓠瓜的生理生长,促进雌花的形成。

秋播也可采用直播方式,每畦2行,株距30厘米,每穴播2～3粒种子,播后覆盖细土,然后在畦面覆盖一层麦(稻)秸,这样既可降温又能防止土壤板结。播种后出苗前,每天早晚各浇水1次,约3～4天后出苗。

(3)栽培管理 瓠瓜秋季种植,生长快,长势旺,雌花少,易发生病毒病,所以在管理上要注意降温调湿,控制疯长,以提高植株抗性,促进雌花的形成。采用人工辅助授粉或用生长激素点花,适时整枝理蔓,调节叶面积指数,提高光合作用,以争取丰产丰收。

一是肥水管理。瓠瓜生长势较其他瓜类弱，生长期短，结果集中，除施足基肥外，生长前期还要多次追肥。对于育苗栽培的，在瓠瓜成活后施提苗肥 1 次，摘心后施分蔓肥 1 次，果实迅速生长时施促果肥 1 次。第一批采收后每 667 平方米施复合肥 10 千克左右，以后视长势每采 2～3 批施 1 次肥。同时，注意防渍排涝，遇到旱季要灌水防旱。

二是激素处理。一般在 25℃～30℃的条件下瓠瓜雌花的形成较多；在 35℃的条件下，雌花形成较少，而且易发生徒长。因此，在秋季栽培中，瓠瓜一般采用乙烯利进行处理，可促进早生雌花、早结果，提高前期产量。在瓠瓜主蔓具 4～5 片真叶时用乙烯利处理，有利于促进主蔓发生雌花。40%乙烯利叶面处理浓度为 150～200 毫克/千克，以傍晚喷施较好。喷施乙烯利时，要注意忌浓度过高或喷施后水分过量，防止抑制生长或雌花过多。

三是整枝。秋季瓠瓜生长快，叶片发生多，必须经常摘叶。摘叶的原则是：摘黄叶不摘功能叶，摘疯长叶不摘幼叶，摘密度高的底层叶，不摘上层叶。把摘除的叶片及时带出棚外。同时，适当疏除基部细弱侧枝和过多的雌花，以通风透光，减少病害。

四是疏果。瓠瓜在秋季生长很快，一般从开花至采收约 10 天，如果单株一次性结果 4～6 个，幼果会养分供应不足，会发生畸形果，影响商品质量。所以，在生长正常的情况下，单株一次性结瓜以 2～3 个为宜，其余的幼果应在花后 3 天全部摘除，以利于减少无效的养分消耗，提高瓠瓜商品性。

五是人工授粉。秋瓠瓜在大棚内栽培，往往通风不良，故宜进行人工辅助授粉。瓠瓜为雌雄异花、且于夜间开花的作物，人工授粉宜在傍晚进行，摘取当日开放的雄花去掉花瓣，涂于雌花柱头即可。

(4)采收 瓠瓜的适时采收是早熟、高产的重要措施。大果不采收，幼果会发育不良。为确保不断开花、不断结果和不断采收，大果要适时早采。一般幼果在高温季节10天左右就可发育成为长30～40厘米、横径6～8厘米的商品瓜。此期是瓠瓜品质最好的时期，其果皮嫩、果肉组织柔软多汁。

81. 什么是大棚瓠瓜早熟高产栽培技术？

(1)选用良种 应选适应性强，抗病性好，瓜长，皮薄，产量高的早熟品种，如早春一号长瓠、南京面条瓠子、青玉瓠瓜等。

(2)培育壮苗 ①营养土配制。育苗床应选地势干燥，通风排水良好，前茬未种过瓜类的地块。所用营养土的配方是：无菌肥沃菜园土7份，腐熟干猪粪2份，草木灰1份，另每立方米营养土应加过磷酸钙1千克或三元复合肥0.5千克。②种子处理。由于瓠瓜种子的种皮厚，不易透水，播前宜先浸种催芽。具体方法是：将种子放入50℃热水中不断搅拌烫种15分钟，当水温降至30℃左右时停止搅拌，继续浸种4～6小时，捞出晾干，用湿纱布包好放在25℃～30℃下催芽，每天用温水淘洗1次，2～3天后，80％种子露白时即可播种。③提早播种。采用多层覆盖，播种期提前到1月上中旬，苗床设在大棚内，高20厘米，宽1.5米，长度不限，浇足底水，播种后盖上一层细土，平铺地膜，搭好小拱棚并覆盖草帘，大棚内温度保持在20℃～25℃，促出苗快、出苗齐。④营养钵分苗。幼苗具2～3片真叶时，应及时移植到口径为10厘米的塑料营养钵中，一钵一苗，并将营养钵移至小拱棚内盖严，保持棚内一定的温度、湿度，以培育壮苗。

(3)施足基肥 施足基肥是瓠瓜高产的关键。一般每667平方米施腐熟有机肥5 000千克，结合深翻40厘米加施三元复合肥40千克，过磷酸钙20千克，然后整地做畦，畦宽1.5米，沟宽50厘米，沟深20厘米。

(4)适时定植 从2月底至3月初，幼苗具4～6片真叶时及时定植。每畦栽2行，行距75厘米，株距50厘米，每667平方米栽1 500株左右。定植后平铺地膜，搭上小拱棚加盖草帘，实行四层覆盖保温、控湿。

(5)加强田间管理

①温、湿度管理。定植后5～7天，一般密闭大棚不通风，但白天应揭开草帘，增加光照，棚内白天温度保持25℃～30℃，夜温18℃～20℃，缓苗后日温保持25℃，夜温13℃～15℃。晴天上午棚温升到28℃时通风，下午降到28℃时闭棚，湿度调节应结合温度管理进行。②水、肥管理。幼苗定植后浇足稳苗水，缓苗后再浇1次水，以后苗期控制浇水，进入结瓜期后，每7天浇1次催瓜水，水要浇足浇透。另外瓠瓜进入开花结果期，一般每隔10～15天施1次粪水或追施三元复合肥10～15千克，每隔10天用0.5%尿素+0.3%磷酸二氢钾溶液进行1次叶面喷施，采瓜后要及时追1次肥。③整枝、绑蔓。瓠瓜长到5～6节时开始爬蔓，应搭人字架或吊绳吊架，让主、侧蔓攀缘，并要及时绑蔓整枝。当主蔓爬满架时应摘心，以促进侧蔓生长，使其多开花，多结瓜，提高单株产量。④施用激素。瓠瓜幼苗具4～6叶时，用150毫克/千克乙烯利溶液喷洒叶面1次，可增加雌花发生率，几乎每节均可发生雌花。

(6)病虫害防治 瓠瓜病害主要有猝倒病、立枯病、霜霉病和枯萎病。前三种病害可用75%百菌清600倍液或25%瑞毒霉可湿性粉剂800倍液喷雾，每7天喷1次，连喷3次；后者可用70%敌克松1 000倍液灌根，每10天1次，连续3次。虫害主要是蚜虫，可用10%一遍净可湿性粉剂2 000倍液防治。

(7)及时采收 一般雌花谢后15天左右，瓠瓜皮色变淡而略带白色，肉质坚实而富有弹性时，品质最佳，是采收最适期。

82. 日光温室瓠瓜无公害水培技术包括哪些关键环节？

(1)播种育苗 ①种子处理。由于瓠瓜种子的种皮很厚，且边缘具有茸毛，不易透水，播前宜先浸种催芽。将种子放入50℃热水中不断搅拌烫种15分钟，水温降至30℃左右时停止搅拌，继续浸种4～6小时，捞出晾干，用干净的湿纱布包好放在25℃～30℃下催芽，每天用温水淘洗1次，2～3天后，80%种子露白时即可播种。②播种及其管理。育苗采用营养钵育苗，培养基质中草炭、珍珠岩、鸡粪的比例为4∶1∶1，基质充分混匀后装入11厘米×12厘米的营养钵。将处理好的种子种口朝下播到营养钵的混合基质中，深度为2厘米，上面覆盖一层蛭石，用清水浇透。棚内温度保持在20℃～25℃，促快出苗、出苗齐。待5～7天种子露芽后改浇营养液。

(2)定植 定植前将营养液液池的两个半圆形泡沫板(中间留一定植孔)充分用清水洗刷干净，配好营养液，用加氧充气泵进行充气试验，以察看其是否工作正常。待瓠瓜苗长到2叶1心期时，从营养钵基质中小心取出(注意不要伤根)，用清水轻轻洗去根部的基质，用海绵条裹住根茎部，塞入定植孔。瓠瓜茎的基部用一较粗的绳吊到栽培架上，随后打开充气泵加氧。

(3)整枝管理 瓠瓜主要由子蔓和孙蔓结瓜，故应进行植株调整，进行 2～3 次摘心，促进子蔓和孙蔓发生。当主蔓长到 30 厘米左右时，促进子蔓抽生结果，因为瓠瓜在 1 立方米的营养液池中根系有足够的生长空间，所以子蔓可多选留几个，依支架的大小决定。在子蔓长到 25～30 厘米时，再行摘心处理，以促进孙蔓的发生，长出的孙蔓可自由生长。

(4)营养液管理 ①营养液配方。营养液配方每 1 000 升中含硝酸钙 1 千克，硝酸钾 650 克，硫酸镁 350 克，磷酸二氢铵 100 克，磷酸二氢钾 30 克。微肥配方每 1 000 千克中含 EDTA 钠盐 300 克，硫酸亚铁 250 克，硼砂 30 克，硫酸锰 18 克，硫酸锌 5 克，硫酸铜 1 克，钼酸铵 0.5 克。②酸度管理。瓠瓜生长最适 pH 为 5.5～6.5(偏酸性)，配制营养液时首先应调整 pH。可以根据当地水质用磷酸或稀碱来调节，瓠瓜的整个生育期的 pH 要维持在最适范围。③浓度管理。瓠瓜苗期营养液浓度管理指标是 EC 值 1.8～2mS/cm；旺长期为 2.5～2.6mS/cm；结瓜期为 3～3.5mS/cm。④营养液更新。由于瓠瓜连续采收，生长期较长，从定植到采收长达 7～8 个月，长时间不进行营养液更新，瓠瓜根部会分泌一些代谢物使营养液浑浊导致烂根，从定植到结瓜以前，每隔 1 个月进行 1 次半量营养液更新；到结瓜期，根系充满整个营养液池时，每隔 10 天换 1 次，以保持营养液中养分的平衡，使瓠瓜始终保持较好的生长状态。

(5)病虫害防治 瓠瓜生长势强，病虫害很少，病害主要有病毒病和白粉病。防治虫害要及时，早期以防治蚜虫为主，中后期以防治潜叶蝇、红蜘蛛为主。病虫害防治以选择抗病虫品种为基础，综合利用生物防治和物理机械防治。在使用化学药剂防治时，药剂选择必须符合无公害蔬菜的要求。

(6)采收 用水培方式生产的瓠瓜，单果重达 3～4.5 千克，比有土栽培高 1 倍，鲜嫩期长，采收时间长，并且有效地避免了苦味瓜的产生。一般雌花谢后 15 天左右，瓠瓜皮色变淡而略带白色，肉质坚实而富有弹性时，品质最佳，是采收最适期。头批瓜要及早采收，以确保营养生长与生殖生长平衡，有利于中后期开花结果。瓠瓜采收后装入无公害蔬菜专用箱，吊挂无公害蔬菜标识，并标明品种、数量、生产者和采收日期。

三、瓠瓜优良品种及栽培要点

83. 青玉瓠瓜的品种特性及栽培技术要点是什么？

青玉瓠瓜系武汉汉龙种苗有限责任公司育成的早熟瓠瓜杂交一代新品种。

(1)特征特性 属青绿色瓠瓜一代杂种。植株蔓生，攀缘生长，叶呈心脏形、绿色。主蔓结瓜较迟，以侧蔓结瓜为主。侧蔓从第一节开始，每节均发生雌花。早熟，春季从定植到采收 40 天左右，植株生长势强，耐低温，抗逆性好。商品瓜青绿色，长圆筒形，瓜长 45 厘米左右，横径 4.5～5 厘米，单瓜重 0.5～1 千克，肉质柔嫩，味甜。每 667 平方米产量 3 500 千克以上，最高可达 4 500 千克。早春保护地栽培 4 月上中旬可上市。

(2)栽培要点

一是栽培方式。日光温室、大棚等保护地栽培可在 12 月下旬至翌年 1 月上旬播种，用电热温床和塑料营养钵育苗。株行距为 40 厘米×50 厘米，每 667 平方米定植 2 500～2 700

株。

二是环境调控。①温度。定植后2～3天内闭棚，提高棚温，促进缓苗。缓苗后棚内昼温控制在20℃～25℃，高于30℃时通顶风，低于23℃时闭棚，夜温为12℃～15℃。若遇阴雨、严寒天气，夜温短时不能低于10℃。②光照。要求每天光照在8小时以上，尽量多见光。

三是肥水管理。定植前结合整地施足基肥，每667平方米施优质有机肥3 500千克，过磷酸钙25千克，三元复合肥50千克。缓苗后浇1次水，当瓠瓜坐果并开始膨大时，要及时浇催瓜水。结瓜前期正值深冬季节，15天左右浇1次水；结瓜中后期，越冬栽培逐渐进入高温季节，每7～10天浇1次水。做到隔1次水追施1次肥，每次每667平方米追三元复合肥10～15千克。浇水选择晴天上午进行，顺膜下沟暗浇，浇后及时通风排湿。

四是植株调整。缓苗后及时吊蔓，秧蔓伸长到一定高度后进行人工落蔓。用乙烯利处理的瓠瓜，在主蔓第二十节以前以主蔓结瓜为主，将侧蔓全部摘除。主蔓第二十节后及时打顶，促进子蔓发生，以侧蔓结瓜为主，每条子蔓选留1个发育良好的雌花，并在雌花上部留2片叶摘心，须保留最上部一条子蔓不摘心。如果未经乙烯利处理，可在主蔓长至10片叶时摘心，促进发生子蔓，子蔓留瓜后同前法处理。雌花开放后及时进行人工授粉，以促进坐瓜。早晨瓠瓜开花时，采摘雄花直接涂于雌花的柱头上，或用毛笔蘸花粉涂抹在雌花柱头上。也可采用药剂处理代替人工授粉。前期气温低时，可选用高效坐瓜灵(0.1%吡效隆)均匀涂瓜柄或子房保瓜。涂瓜柄宜在阴天或15时后进行。

五是病虫害防治。瓠瓜易发生枯萎病、炭疽病、白粉病、疫病、灰霉病、蚜虫和蓟马。一般摘心、摘叶、整枝后用1%多抗灵100～300倍液或80%大生600倍液喷雾保护。发现病虫害要及时用药防治。枯萎病发病初期，可用40%特效杀菌王1 000倍加旱地龙500倍混合液灌根，每5～7天灌1次，连灌2～3次。炭疽病发病初期可用40%炭疽福美400倍液防治，白粉病用40%福星乳油8 000倍液防治，疫病用75%百菌清可湿性粉剂600倍液喷雾，灰霉病用一熏灵烟熏剂或50%速克灵可湿性粉剂1 500倍液防治，蚜虫用10%吡虫啉可湿性粉剂2 000倍液喷雾，蓟马用10%吡虫啉可湿性粉剂2 000倍液喷雾。

84. 甬瓠3号的品种特性及栽培技术要点是什么？

甬瓠3号系宁波市农业科学院蔬菜研究所选育的杂交一代瓠瓜。

(1)特征特性 植株蔓生，生长势中等，分枝性强，以侧蔓结瓜为主，第一雌花节位低，坐果率高。商品瓜表皮浅绿色，密生短茸毛，长棒形，上下粗细均匀，瓜长约40厘米，瓜顶部钝圆。瓜肉白色、致密，微甜，品质佳，商品性好。早熟，较抗枯萎病，产量高。

(2)栽培要点

一是栽培方式。早春栽培，12月下旬至翌年1月上中旬播种育苗，2月上中旬定植。深沟高畦栽培，每畦栽2行，株距35厘米左右。日光温室吊蔓栽培，每667平方米栽2 400株。

二是环境调控。定植后5～7天，一般密闭棚室不通风，但白天应揭开草苫，增加光照，棚内白天温度保持25℃～30℃，夜温18℃～20℃。缓苗后日温保持25℃，夜温13℃～

15℃，晴天上午棚温升到28℃时通风，下午降到28℃时闭棚。湿度调节应结合温度管理进行。

三是肥水管理。甬瓠3号特别高产，应重施基肥，每667平方米施入腐熟鸡粪1 500千克或饼肥200千克、三元复合肥100千克。定植时及时浇定根水，成活后用稀薄人粪尿追施1次提苗肥，摘心后施分蔓肥1次，此后不宜多追肥，防止营养生长过旺引起疯长。盛收期每采收2～3次追1次肥，遇干旱后切忌偏施氮肥，每667平方米用稀薄人粪尿1 000千克加三元复合肥10千克浇施。如土壤过湿，也可直接埋施复合肥。

四是植株调整。在8叶期摘心，促进侧蔓早结瓜，选2条健壮侧蔓上架，日光温室栽培选最上面的1条侧蔓吊蔓以替代主蔓生长，其余侧蔓可留1～2朵健壮雌花结瓜后摘心，上部侧蔓发生的孙蔓也同样留1～2朵健壮雌花摘心。以后依此方法进行。可用吡效隆10毫克对水0.75～1升，于雌花开放的当天或前后一天浸蘸瓜胎。

五是病虫害防治。常见病虫害种类和防治方法参见本书第83问。

85. 早春1号长瓠的品种特性及栽培技术要点是什么？

(1)特征特性 植株蔓生，主侧蔓可同时结瓜，以侧蔓结瓜为主。瓜条直，瓜长棒形，长55厘米，横径6厘米，单瓜重600克。皮绿白色，肉质细密、脆嫩，味略甜，品质好。早熟，适温播种，从播种到采收需65天左右。前期产量集中。每667平方米产量4 000千克左右。

(2)栽培要点

一是选择播期。北方温室栽培，可在8～10月育苗，9～

11 月定植，元旦前开始采收，可一直采收到 5 月。

二是培育壮苗。瓠瓜种皮较厚，播前先将种子用 55℃的温水浸种 15 分钟，再在常温下浸种 8 小时，洗净后用剪刀将种尖剪开一个小口，以利于发芽。将剪口后的种子用纱布或棉布包好，置于 30℃左右处催芽。经 3～4 天，选胚根露出 0.5 厘米的种子提前播种，其余继续催芽。将出芽后的种子根尖朝下播入营养钵中，每钵播 1 粒，播种时少盖土，等扎根后再盖 2 厘米厚的营养土，以利于脱壳出苗。出苗前应提高苗床温度，白天保持在 25℃～30℃，夜间在 15℃～18℃。幼苗出土后应适当降温，防止幼苗徒长。苗期适当的低温和短日照条件可促进瓠瓜雌花的花芽分化。幼苗具 4 片真叶时，应采用通风排湿、减少覆盖物等措施炼苗。一般苗龄35～40 天时即可选叶色绿、茎粗壮、根系发达的壮苗定植。

三是合理密植。日光温室单蔓整枝，吊蔓栽培每 667 平方米栽植 2 400 株。

四是肥水管理。早春 1 号长瓠特别高产，应重施基肥，每 667 平方米施腐熟鸡粪 1 500 千克或饼肥 200 千克，三元复合肥 100 千克。定植时及时浇定根水，成活后用稀薄人粪尿追施 1 次提苗肥，摘心后施分蔓肥 1 次，此后不宜多追肥，防止营养生长过旺引起疯长。盛收期每采收 2～3 次追 1 次肥，遇干旱后切忌偏施氮肥，每 667 平方米用稀薄人粪尿 1 000 千克＋三元复合肥 10 千克浇施。如土壤过湿，也可直接埋施复合肥。

五是促雌保花。在 4 叶 1 心和 7 叶 1 心时用 150 毫克/千克乙烯利叶面喷施 2 次（切忌叶片滴水），以利于花芽分化多产生雌花。此法可采用主蔓结瓜，但要留 1/4 幼苗不喷，以便采摘雄花授粉，特别是北方日光温室，完全依赖于人工授粉。瓠瓜晚上开花，授粉应在 18 时或早晨 6 时左右进行。在 8 叶期摘心，促进侧蔓早结瓜，选 2 条健壮侧蔓上架，日光温室栽培选最上面 1 条侧蔓吊蔓以代替主蔓生长，其余侧蔓可留 1～2 朵健壮雌花结瓜后摘心，上部侧蔓发生的孙蔓也同样留 1～2 朵健壮雌花摘心。以后依此方法进行。

六是激素保花。保护地栽培瓠瓜空气湿度大，雄花花粉难以萌发，可用 20～50 毫克/千克防落素＋20 毫克/千克赤霉素涂雌花或幼瓜的瓜柄保花保果，但切忌涂到植株叶面。及时摘去多余的雄花和畸形瓜，以改善植株营养环境，减少养分的损耗，提高产量。

七是及时采收。早春 1 号长瓠果实生长速度较快，一般授粉后 10～12 天，果皮茸毛未褪时即可采收。头瓜因前期植株光合作用面积偏小，一般长不大，应提前采收，以利于植株和后续瓜的生长，避免营养供应不足产生畸形瓜。

四、瓠瓜病虫害防治

86. 保护地瓠瓜病害的发生有什么特点？如何防治？

保护地瓠瓜病害有灰霉病、白粉病、蔓枯病、枯萎病、炭疽病、疫病、霜霉病、病毒病和细菌性叶斑病等，对瓠瓜危害最重的是灰霉病、白粉病、蔓枯病和枯萎病等。白粉病和灰霉病的发病高峰期分别在 2～5 月和 2～4 月。其综合治理技术如下。

(1)实行轮作 寿光市瓠瓜保护地栽培多年连续种植，连作障碍十分明显，病虫害逐年加重。因此，应大力推广轮作，尽量避免连作。瓠瓜和非瓜类作物实行轮作后，枯萎病、蔓枯病、炭疽病等病害明显减轻。

(2)提倡棚室、土壤、种子消毒 消毒主要采用物理方法，严格按照无公害蔬菜生产的要求进行。种子消毒采用温汤浸种法，即将瓠瓜种子用55℃的温水浸泡15～20分钟，可有效杀死种传病原菌。棚室、土壤的消毒杀菌采用高温闷棚的方法，分别在采收结束后和定植前进行。采收完毕后，及时清除病残体，封棚密闭3～5天。然后翻耕土壤，再闷棚3～5天。如能灌水后进行高温闷棚，则杀菌效果更佳。定植前关门闷棚3～5天，以利用光热杀死表土及棚内的病菌。

(3)推广嫁接苗 在枯萎病严重发生的田块种植嫁接苗，嫁接苗以黑子南瓜等为砧木，对防治瓠瓜枯萎病具有良好的效果。

(4)加强田间管理 防止田间积水；采用地膜覆盖；摘除病叶、病花、病果，以及已坐瓜的瓜条上的残花瓣，采收结束后及时清除病残株；提倡施用腐熟有机肥，控制氮肥用量，增施磷、钾肥和根外追肥；及时揭去覆盖物，尽可能多见光，以增强植株抗病能力。

(5)调控棚内小气候 枯萎病、蔓枯病、灰霉病等病害发病需要较高的相对湿度，因此，通过降低棚内的空气湿度，可有效地控制病害的发生、蔓延。降湿主要依靠加强通风换气来实现，在瓠瓜不遭受冻害(冷害)的情况下，尽可能多通风。此外，施肥、浇水宜在上午进行，土壤以保持湿润为宜；施药时，能采用烟雾剂的要尽可能采用烟雾剂，而不采用加水喷雾等，这样做有利于降低棚内湿度，从而创造不利于病害发生的小气候，达到控制病害发生的目的。

(6)合理使用药剂防治 ①灰霉病。在发病初期用40%施佳乐悬浮剂1000倍液，或50%速克灵可湿性粉剂1500倍液，或50%扑海因可湿性粉剂1000倍液等喷雾。每隔7～10天喷1次，连续防治2～3次，并注意交替使用。②白粉病。用10%世高水分散粒剂1500倍液，或40%福星乳油4000倍液，或30%特富灵可湿性粉剂1500倍液喷雾。每隔7～10天喷1次，连续防治2～3次，并注意交替使用。也可每667平方米用45%百菌清烟熏剂250克熏蒸，傍晚开始，熏蒸一夜，翌日早晨开棚通风。③蔓枯病。在发病初期用药，每隔7～10天喷1次，连续防治2～3次，并注意交替使用。药剂可用80%大生M-45可湿性粉剂600倍液，或70%品润干悬浮剂500倍液，或75%猛杀生干悬浮剂600～800倍液喷雾，重点喷植株中下部茎叶和地面。对于茎部病斑，在发病初期先削除茎部病斑，再涂抹50%多菌灵可湿性粉剂20～30倍液，有较好防效。④炭疽病。在发病初期用药，每隔7～10天喷1次，连续防治2～3次。可用25%施保克乳油1000～1500倍液，或68.75%杜邦易保水分散粒剂1000倍液，或75%猛杀生干悬浮剂600倍液喷雾。注意药剂要交替使用。⑤枯萎病。在出现中心病株后，立即用20%龙克菌悬浮剂500倍液或50%多菌灵可湿性粉剂500倍液灌根，每株浇灌药液250毫升。每隔7～10天灌1次，连续灌2～3次，并注意交替使用。⑥疫病和霜霉病。可选用70%代森锰锌、40%WP乙磷铝锰锌800倍液，80%新万生800倍液防治。⑦细菌性叶斑病。在发病初期用药，每隔7～10天防治1次，连续防治2～3次，并注意交替使用。药剂可用20%龙克菌悬浮剂500～700倍液，或77%可杀得可湿性粉剂800倍液，或72%农用链霉素可湿性粉剂4000倍液喷雾防治。⑧病毒病。在发病始见期或发病前喷洒病毒抑制剂，可用2%菌克毒克水剂200～250倍液，或20%病毒A可湿性粉剂500倍液等喷雾防治。每隔 7～10 天喷 1 次，连续喷 2～3 次。并注意交替使用。

87. 根结线虫是怎样危害瓠瓜的？如何防治根结线虫传入土壤？

瓠瓜在近几年的栽培中，由于连作和土壤连年种植瓜类作物，土壤中的病原菌迅速增加，尤其是土壤中的根结线虫危害日益加重，成为危害瓠瓜生产的一种特别严重的病害。尤其是在保护地栽培中危害更为严重。造成瓠瓜根结线虫危害的主要是南方根结线虫，根结线虫危害的症状是：瓠瓜地上部分生长不良，植株矮小，在干旱和水分供应不足时可出现萎蔫现象；根部症状表现在须根和侧根上，可形成大大小小的瘤状根结，根结开始呈乳白色，到后期变成淡褐色。剖开根结，内有梨形的线虫。

根结线虫一旦传入，很难根治。因此，防止根结线虫的传入极为重要，也就是说防治瓠瓜等蔬菜作物根结线虫病的关键是以预防其侵入为主。线虫能够通过种苗移栽、大水漫灌、农事操作等途径传播。许多菜农在防治病虫害过程中，只是一味地想了解用什么样的药才能治住这种病害或虫害，重点还是放在怎样去治。这种防治观点是大多数菜农都存在的，却不去想想怎样避免病虫害的发生，在病虫发生之前应该采取什么样的农事操作，才能切断病虫的传播途径，从而有意识地恶化病虫的生存繁殖条件，预防或减轻病虫害的发生。特别是在线虫防治中，更应该重视“防范”的重要作用，重视每一个具体的农事操作环节如借苗、串棚、旋耕机耕作对防病的作用，应该根据实际种植情况，做到早预防，早发现，早治疗，综合利用不同的防治措施，进行综合防治，特别是要注意综合利用农业、物理措施，降低投入成本，并与化学防治相结合，增强防治效果。

(1)换鞋 要做到一人一棚一鞋。根结线虫靠自行迁移而传播的能力有限，1年内最大的移动范围为1米左右，通常也只有20～30厘米，但它借助外界的力量迁移和传播的能力非常大，而这个外界的力量大多是人为制造的。操作人员重视换鞋这个环节，对切断根结线虫温室与温室之间传播非常有效。

(2)旋耕机消毒 近几年来，根结线虫的危害越来越严重，与旋耕机在大棚的普遍使用密切相关。为防治线虫通过旋耕机从一个大棚传入另一个大棚，不同的大棚在使用旋耕机前要对其严格消毒，把锄轮上的土清理干净，同时用火或用热水或用消毒药剂消毒，杀灭旋耕机上携带的根结线虫。

(3)人工翻地 若人力充足，最好用铁锨进行人工翻地，这样可以避免旋耕机传播根结线虫。

(4)彻底清除和集中处理病根 不管大棚或大田菜地，均应在采收结束后，立即清理土壤中的病残体，以减少虫源，减轻发病。施用不带病残体或腐熟厩肥做有机肥，不仅可增强植株抗性，而且可增加线虫寄生菌(如放线菌)，可减轻根结线虫病害。注意田间卫生，清除瓠瓜等蔬菜作物病根。只有这样，才能做到无线虫栽培。

(5)改良土壤 对于砂壤土的瓠瓜地，还需施用有机肥进行改良，提高土壤的肥力，以达到既促进瓠瓜快速生长，增强抗病能力，又改变土壤特性，创造不利于根结线虫生存的土壤环境，减轻根结线虫发生的目的。对一些较为固定、品种选择余地小而且投资大、效益高的蔬菜设施栽培，可采用去老土换新土的办法控制根结线虫。换去耕层表土，用无根结线虫表土补充。

(6)采用科学的浇水方法 传统的大水漫灌是日光温室内根结线虫传播的重要途径。滴灌浇水的好处在于水在输送过程中彻底与土壤隔离，使土壤中的线虫失去了借水传播的机会。有条件的地方应采取滴灌方式。若无条件进行滴灌浇水，应采取高畦深沟方式定植瓠瓜（图 2-1），在深沟内浇水，严禁串灌漫灌。

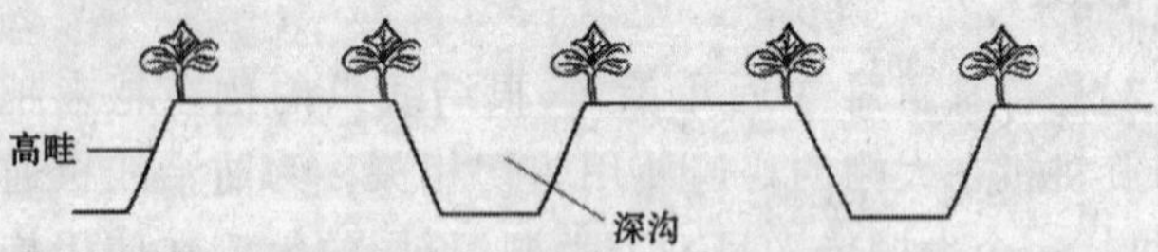

图 2-1 瓠瓜高畦深沟定植方式

(7)科学施肥 施用未腐熟未消毒的有机肥，特别是鸡粪、土杂肥等，这样的肥料中若携带根结线虫，就会使根结线虫传入日光温室。因此，生产中应尽量使用经过严格消毒的商品有机肥。如施用鸡粪、土杂肥等农家肥，必须经高温腐熟消毒才能施用。

88. 怎样用石灰氮＋太阳能防治土传病害？

(1)石灰氮＋太阳能防治土传病害的原理 高温季节将石灰氮与土壤充分混合，然后灌水覆膜，可以达到生态与环保型化学杀菌的效果。一方面，利用石灰氮分解得到的氰铵能起到杀菌的效果；另一方面，由于土表薄膜封闭覆盖，夏季太阳光照射可提高土壤温度，起到热能灭菌作用；在有水存在的条件下，高湿增加了高温杀菌的效果。如在温室土壤内混入稻草、秸秆等未腐熟有机物，石灰氮分解时产生的氰胺可促进稻草的腐熟，而稻草腐熟的过程中又会产生热量，可使土壤较长时间保持较高的温度，使土壤中的病原菌和根结线虫及虫卵等在较短时间内失去活性，从而达到防治瓠瓜等蔬菜土传病害的良好效果。

(2)石灰氮＋太阳能防治根结线虫的田间操作方法 参阅本书第38问。

(3)使用石灰氮应注意的事项 ①石灰氮分解产生的氰胺对人体有害，不得吸入体内。施用石灰氮时必须穿防护衣物，以避免药肥接触皮肤，如果一旦接触，要用肥皂、清水仔细冲洗。操作前后24小时内不得饮用任何含有酒精的饮料。②施用时要尽量防止石灰氮粉末随风飞落到其他邻近作物的叶片上，否则会产生药害。刮风天施用时更需注意。③石灰氮是强碱性肥料，可与有机肥、草木灰、过磷酸钙、尿素混合施用做基肥。不能与铵态氮（硫酸铵、碳酸氢铵及含硫酸铵、碳酸氢铵的复混肥）肥料混用，否则易加快铵态氮的挥发，造成肥料的流失。④石灰氮有吸湿性，注意须在阴凉、密闭、通风和干燥处保存。

(4)石灰氮＋太阳能防治根结线虫的效果 在大棚中应用石灰氮＋太阳能处理土壤，防治瓠瓜根结线虫效果可以达到80％以上。在消毒完成后或定植前用土壤添加剂如灭线宁（淡紫拟青霉制剂）或阿维菌素等对土壤进行处理，对其杀灭效果有进一步的增效作用。当每667平方米石灰氮使用量在80千克时，结合太阳能对土壤进行为时15～20天的高温消毒，之后再用线虫生防制剂处理，对瓠瓜根结线虫的防治效果可以达到90％以上。

89. 保护地内如何正确使用烟雾剂防治病虫害？

在大棚内使用烟雾剂，可杀灭一些病原菌，但烟雾剂中也含有一些对作物有害的物质，如果用量过大，会对瓠瓜植株造成伤害；用量过小，则起不到防治作用。因此，使用烟雾剂时必须掌握其正确的使用方法。

(1)用量 在大棚内使用烟雾剂，其用量不能简单地按种植面积计算，应按大棚的空间体积来计算。一般情况下，每100立方米的空间用20～25克烟雾剂。

(2)使用方法 烟雾剂应摆放在远离植株的地方，一般将其放在走道上，由里向外逐个点燃。在无风的天气，棚内气流较为稳定，在棚室中间放置的烟雾剂应略多于两头，以延长烟雾在室内的存留时间。在有风的天气使用时，因为棚内气流方向与外界相反，所以烟雾剂应在背风处多放些，利用棚内气流使烟雾均匀地分散到大棚内的各个地方。

(3)使用时间 烟雾剂对水膜的穿透力非常弱，使用烟雾剂时如果植株表面有水膜，就很难达到防治效果。因此，应选择下午关闭棚室通风口后，在植株叶片表面没有露水的时候使用烟雾剂。一般可在16时前后使用。

(4)注意事项 因为烟雾剂的种类较少，所以连续多次使用同一种烟雾剂会使病原菌产生抗药性，使其防效下降。因此，为了提高烟雾剂的防治效果，在平时就应减少同类常规农药的使用，如百菌清、克露等。如果平时防病时使用的都是这些农药，就会使病原菌对该类烟雾剂过早地产生抗性，以后再使用此类烟雾剂时，防效会大大降低。

90. 保护地瓠瓜主要有哪些害虫？如何防治？

保护地瓠瓜主要的害虫有蚜虫、棕榈蓟马、白粉虱和美洲斑潜蝇等。其防治方法如下。

(1)蚜虫的防治 在蚜虫点片发生期开始喷药防治，可用1%威克达乳油3 000～4 000倍液，或20%苦参碱可湿性粉剂2 000倍液，或10%蚜虱净可湿性粉剂2 500倍液喷雾。

(2)棕榈蓟马的防治 根据棕榈蓟马繁殖速度快、易成灾的特点，应注意在其发生早期施药，当每株虫口达3～5头时，立即喷施。开始每5天喷药2次，以压低虫口数量，以后视虫情每7～10天喷药2～3次。可用5%锐劲特悬浮剂2 000～2 500倍液，或5%菜喜乳油1 000～1 500倍液等喷雾防治。以上药剂注意交替使用。

(3)白粉虱的防治 参阅本书第48问。

(4)美洲斑潜蝇的防治 参阅本书第49问。

91. 怎样防治瓠瓜栽培中的“花皮瓜”病害？

(1)症状 近年，在瓠瓜栽培中，在秋末冬初和春末夏初时节，经常有一部分瓠瓜发生“花皮瓜”病害。其症状是：在其上部的叶片生长变慢，叶片上有时像涂了一层银色的粉末，其根系变弱，毛细根少而且稀疏，发病瓜条生长速度较正常瓜条慢，瓜条在生长到商品瓜大小时颜色出现不正常的病变，由正常瓠瓜的浅绿色或深绿色变为出现浅绿色的斑驳，瓜条也变得不顺直，严重影响瓠瓜的商品性。发病较重时，瓠瓜的整个植株生长不良，产量和品质明显下降。严重时植株衰弱死亡。

(2)发生规律 这种病害的发生，是由烟粉虱中的B型传播的一种病毒病。这种病一旦在瓠瓜上发生，将对瓠瓜产生很大的危害。这种病害的发生，一般瓠瓜在生长前期都发生过较重的烟粉虱为害。烟粉虱是一种类似于白粉虱的粉虱，但这种粉虱的体形要较白粉虱略小，烟粉虱的繁殖能力很强。虽然采用杀虫的措施对烟粉虱进行了杀灭，但在烟粉虱被杀灭后由其传播的这种病毒病却在瓠瓜的植株体内发展为害。一旦病毒在瓠瓜植株内达到一定的累积量，瓠瓜就开始发病。

(3)防治方法 ①培育壮苗，提高瓠瓜苗的抵抗能力。②在苗期要加强对烟粉虱的防治，尤其是在秋季烟粉虱大发生和迁移的高峰期，要加强防范，及时采用防虫网对瓠瓜的幼苗进行保护，防止烟粉虱的为害。③用阿克泰水分散粒剂 1 500 倍液灌根。④一旦发生花皮瓜病害，要及时用生根壮苗的药剂灌根处理，促进根系生长；同时用云大-120 和病毒 A 可湿性粉剂各 800 倍液进行叶面喷雾，可减轻其危害。

五、瓠瓜生理障碍防治

92. 如何防治日光温室瓠瓜低温冷害?

日光温室栽培瓠瓜，秋、冬季节经常发生低温冷害现象，给瓠瓜生产造成很大的损失。低温冷害发生时间一般在 9 月下旬至 10 月下旬，这段时间正是气温从高到低的转变阶段，菜农在管理上容易出现疏忽而造成冷害发生。冷害发生后将给瓠瓜的生长带来严重的影响，是目前日光温室中由于管理不当造成较重损失的问题之一。

冷害一般发生在天气晴朗的时候，白天温度较高，夜间由于地面散失热量较快，造成地表温度迅速下降，同时造成温室中的温度下降过低。在一般情况下，温度低于 8℃的时间超过 4 个小时或低于 5℃，即可造成冷害发生。冷害发生后，对瓠瓜造成危害的程度与第二天的天气有很大关系，若第二天为晴天，气温回升很快，植株需要蒸发较多的水分，造成的损害就特别大；若连续几天的气温都较低，又是连阴天，则在晴天后出现较重的损害。冷害的症状是：瓠瓜的生长点出现生长缓慢，叶片在中午出现萎蔫，下午和早上恢复正常，此种症状连续几天后可造成部分植株死亡。

对上述发生这种情况的瓠瓜进行观察，会发现瓠瓜的根系受到严重的损害。由于地表散失热量较快，造成根系温度过低，对根系的毛细根损害很大，根系的外观颜色发生明显的变化，根系呈苍白色，半透明状，严重者瓠瓜主根也呈苍白色的透明状，根系的吸收功能受到严重损害，瓠瓜在 2～3 天的萎蔫后迅速死亡。受损害轻的植株，生长受到严重影响，在连续几天的萎蔫后，逐渐恢复正常，但易出现化瓜、瓜条生长畸形、瓜条生长缓慢等生长不良现象。

对冷害的发生要注意防范，在秋季易发生逆温的天气情况下，要早关通风口，减少低温对瓠瓜的影响；在 10 月份要早盖草帘，在有可能发生冷害的夜晚要覆盖草帘。

对发生冷害的瓠瓜要加强管理，主要措施如下：发生较轻的要及时进行叶面喷肥，改善植株营养状况，用生根壮苗剂加适量保护性杀菌药剂灌根，促进根系再生及其功能的恢复，防止感染病害；及时摘瓜和疏除部分老叶，减轻根系的负担，以利于根系功能的恢复。加强保温措施，提高土壤温度，促进根系生长。

93. 日光温室瓠瓜缺钙的原因是什么？如何防治？

(1)症状 瓠瓜新叶生长变慢，生长发育停滞，新叶粘连，新叶边缘枯焦或残缺不全，在湿度大的条件下易出现叶片腐烂；严重时瓠瓜的生长顶端出现开裂；瓠瓜根系表现出根毛生育停滞，根系吸水和吸肥能力下降；花粉散出数量下降，花粉活力下降。

(2)发生原因 在日光温室瓠瓜栽培中，除个别温室因土壤缺钙造成瓠瓜缺钙外，主要是由于大量地施肥，尤其是大量地不合理地施用化肥和一些带有大量激素的冲施肥，造成土壤中的肥料过度积累，土壤的高浓度养分之间互相作用影响对钙的吸收，使瓠瓜表现出缺钙的生理现象。

(3)防治方法 ①对于土壤中缺钙的日光温室，在定植前耕地时，每667平方米施钙肥50～70千克，并结合有机肥的施用进行深翻。②对于土壤中由于肥料过多造成盐分浓度过大的，要控制施肥用量，严格控制氮肥和钾肥的用量，同时一次施肥量不宜过多，以防止耕层土壤的盐分浓度过高。要特别注意含氯肥料的施用。③及时进行灌溉，防止土壤过于干燥。因为日光温室中土壤过于干燥易造成地下盐分的上升，不利于瓠瓜根系吸收钙肥。④叶面喷施钙肥。对因土壤中盐分过高引起的根系吸收障碍，在土壤中施用钙肥常常是无效的，一般采用叶面喷施的方法追肥。追肥的种类可选用氯化钙、硝酸钙、氨基酸钙和其他活性钙肥料。一般浓度为0.3%～0.5%，一般每5～7天喷1次，连续喷3～4次。在喷钙肥时配以适量的50毫克/千克萘乙酸效果更好。⑤对于发生过缺钙的日光温室，在下一茬种植时，要以培养瓠瓜的强大根系为主要目标，可在定植后用生根壮苗剂灌根，促进根系的吸收功能，减少缺钙的发生。

94. 保护地瓠瓜有哪些有害气体危害？怎样避免？

(1)氨气和亚硝酸气体 这两种气体主要来自施入土壤的氮素化肥和有机肥，尤其在施肥过量和土壤干旱的情况下，肥料遇到棚内高温，就会在短期(一般在施肥后 3～4 天)内分解产生大量氨气。当氨气的浓度超过 5 毫克/立方米时，瓠瓜就会受到伤害。最初叶片像被开水烫过一样，干燥后变成褐色；氨气的浓度达到 40 毫克/立方米时，瓠瓜秧苗经 24 小时即会死亡。亚硝酸气体在空气中的含量达到 2～3 毫克/立方米时，会使瓠瓜受害，其症状主要发生在靠近地面的叶片上，很少危害新叶，开始时像被开水烫过一样，以后由于亚硝酸的酸化作用，使叶脉间逐渐变白，严重时仅留叶脉，叶肉漂白而枯死。这种情况多出现在施肥后的 10～15 天。检验塑料大棚内氨气和亚硝酸气体是否过量，最简便、最常用的方法，是测定从大棚顶上滴下的水滴的酸碱度。正常情况下，水滴的 pH 为 7～7.2，即中性或略显碱性，如水滴为碱性，说明氨气过多；水滴呈酸性，则亚硝酸气体过多。pH 在 5.5 以下，即会造成危害。

(2)二氧化硫气体 塑料大棚采用煤火加温时，由于燃烧不完全或烟道不通畅，往往会产生大量的一氧化碳和二氧化硫气体。这两种气体的危害可以分为三种类型：一是隐性中毒，瓠瓜本身没有明显可见的被害症状，只是同化机能降低，品质变差，一般对产量影响不大；二是慢性中毒，气体从叶片背面的气孔侵入，气孔及其周围出现褐色斑点，表面黄化；三是急性中毒，产生与亚硝酸气体危害相似的白化症状。

(3)塑料薄膜本身散发的有毒气体 有些塑料薄膜在使用过程中，会产生一些挥发性物质，这些物质能通过叶片上的气孔或水孔侵入植株内部，破坏细胞组织及叶绿体，使光合作用明显减弱，严重地影响瓠瓜的产量和品质。有资料表明：邻苯二甲酸-2-异丁酯溶解在棚膜水滴中的量达到10～30毫克/千克时，水滴经雾化或通过根部及叶面被瓠瓜吸收后，均会发生严重的毒害作用；空气中氯气的浓度达到0.1毫克/立方米，接触2小时就能使瓠瓜受害，浓度达到0.5～0.8毫克/立方米，只需要接触4小时就能使瓠瓜受到伤害，最初在叶脉间出现白色或浅褐色的不规则的点状或块状伤斑，严重时整个叶片变白甚至脱落。保护地内乙烯气体的浓度达到1毫克/立方米以上时，可使瓠瓜叶缘和叶脉之间发黄，而后变白直至枯死。

(4)其他气害 在大棚内施用烟雾剂类农药过量时，也会对瓠瓜造成危害。如燃用百菌清烟熏剂过量，会使瓠瓜叶顶及边缘组织萎蔫死亡，尤其在高温、高湿条件下，受害更严重。

(5)怎样避免大棚气害 大棚内的有害气体，不仅影响瓠瓜的生长发育，同时也直接危害菜农的身体健康。因此，一定要积极采取措施进行防治。①科学施肥。大棚瓠瓜施肥，应以优质土杂肥为主，适当增施磷、钾肥，尽量少施氮肥，不施饼肥和人粪尿，并坚持以基肥为主，追肥为辅。追肥要严格按照“少量多次”的原则，防止过量施肥；一般追施尿素时，以每10平方米不超过0.6千克为宜。追肥方法采用开沟深施，施后接着用土盖严，并及时浇水将肥料稀释。②及时通风换气。利用中午气温较高时，打开通风口使空气流通。即使在阴天或雪天，也要在中午进行短时间的通风换气，以尽可能地减少棚内有害气体，降低空气湿度。③选用无毒塑料薄膜，不用掺入较多增塑剂的塑料薄膜做棚膜。④补救措施。发现大棚瓠瓜遭受二氧化硫危害后，要及时喷洒碳酸钡、石灰水、石硫合剂或 0.5%合成洗涤剂溶液；发生氨气危害时，在叶的反面喷洒 1%食醋溶液，均有明显效果。

95. 保护地瓠瓜缺乏二氧化碳时有什么症状？有哪些补救措施？

(1)保护地瓠瓜缺乏二氧化碳的症状 二氧化碳充足的瓠瓜，植株生长健壮，叶绿素含量高，叶色暗绿有光泽；而缺乏二氧化碳的瓠瓜，叶色暗无光泽，植株长势差。二氧化碳充足的瓠瓜开花早，雌花多，花果脱落少，缺乏二氧化碳的瓠瓜开花晚，雌花少，花果脱落多。二氧化碳充足的瓠瓜嫩枝叶上冲有力，而缺乏二氧化碳的瓠瓜叶低平，与主枝垂直或下垂，叶面出现斑点，或凸凹不平，或黄枯腐烂。另外，如果靠近通风口的一两棵瓠瓜长势强壮、结果多、果实发育好，而远离通风口的瓠瓜则长势差，花果脱落多，坐果稀少，迟迟不长个，这种现象也是判断棚内缺乏二氧化碳的重要依据。

(2)补救措施 主要有两种：一是加强通风换气，促进棚内外气体交换；二是进行二氧化碳施肥。二氧化碳施肥是瓠瓜保护栽培中增产效果极为显著的一项新技术，增产幅度一般在 30%左右，尤其对于日光温室的冬季生产和春用型大棚的早春生产，增产的效果更为明显。二氧化碳施肥的最佳时间，一般在日出后不久，即 11 月至翌年 1 月为 9 时，1 月下旬至 2 月下旬为 8 时，3 月至 4 月为 6 时 30 分至 7 时。施用时期以果实迅速膨大期效果最好。施用浓度一般为 1 000 毫克/立方米左右，日光温室瓠瓜苗期以 1 300～1 700 毫克/立方米、坐果期以 1 500～2 000 毫克/立方米为宜。如施用量过大会危害叶片，使叶片发生焦边等现象，不利于光合作用，并对人体健康有害。因此，应严格掌握二氧化碳浓度。另外，进行二氧化碳施肥的大棚，白天的温度应相应提高 3℃～4℃，夜间的温度变幅要略为加大，上半夜略高，下半夜略低，以提高施肥效果。

96. 瓠瓜发生药害时有什么症状？如何补救？

(1)症状特点 ①出现斑点。主要发生在叶片上，有时也发生在茎或果实表皮上。可产生褐斑、黄斑、枯斑、网斑等。如多菌灵使用不当，叶片上会出现乳白色不规则斑点。药害斑点与常见真菌性病害斑点不同，前者斑点分布无规律，大小、形状不一；后者往往有明显的发病中心，病斑较一致。②发生枯萎。叶片由叶尖和叶缘开始逐渐失绿、黄化、枯死，严重时植株死亡。一般多由除草剂使用不当造成。如在瓠瓜幼苗期施用乙草胺过量会造成叶片枯萎甚至植株死亡。药害引起的枯萎与植株病害的枯萎不同，前者发生过程较迟缓，先黄化后死苗，输导组织无褐变；后者有明显的发病中心，且根茎输导组织常发生褐变。③黄化。黄化主要发生在茎叶部位，以叶片黄化发生较多。如施用石硫合剂过量，会造成叶片黄化。药害引起的黄化与营养元素缺乏引起的黄化不同，前者常常由黄叶变成枯叶，黄化产生缓慢；后者常与土壤肥力有关，往往整块地黄苗表现一致。④造成畸形。畸形可发生在茎叶、果实和根部，常见的有卷叶、丛生、肿根和果实畸形。例如，多效唑施用浓度过高，引起瓜条变短变粗；苗期喷施马拉硫磷浓度过大，会使叶片畸形；锰中毒后，瓠瓜叶片颜色变深、变厚、变脆。叶片药害引起的畸形与病害引起的畸形不同，前者发生普遍，植株上表现为局部症状；后者往往零星发生，表现为系统性症状，常伴有花叶、皱叶等症状。⑤生长受阻。瓠瓜产生药害后生长缓慢，发育不良（如矮化），开花结果延迟，落花落果增多。如施用杀线威过量，将造成生长受抑，生育期推迟。药害造成的植株生长缓慢，其症状与生理性病害造成的发僵症状或缺素症不同，前者往往伴有药斑或其他药害症状，而生理性病害造成的植株发僵现象常表现为根系生长差，缺素症则表现为叶色发黄或暗绿。

(2)发生原因 ①农药使用不当。包括施药方法不当、用量不当和混用不合理。如药液没有充分混匀、喷洒不均、烟雾剂燃放点过于集中或过于靠近瓠瓜植株；用药量过大或重复喷雾；随意混配而引起农药理化性质的不良改变。②在瓠瓜生长发育敏感期使用敏感农药。如在苗期、花期和幼果期使用辛硫磷、马拉硫磷、敌敌畏、普施特、百菌清、多菌灵、猝倒必克、乙草胺、克草胺、百草敌等药剂易造成药害。③用药时遇到不良气候条件。一般在温度高、湿度大、光照强时用药易造成药害。如在高温、烈日的中午施药，容易造成叶片灼伤和破碎；施用代森锰锌时温度过高或用药后遇有高温，易造成叶片皱缩僵硬。

(3)补救措施 生产中对因农药造成的药害，要加强诊断，及时采取补救措施或补种其他作物。在采用补救措施时，不要盲目施用补救剂，应在技术部门指导下，采用适宜药剂进行解毒，补偿生长。药害发生严重需要毁田补种的，一定要在技术部门的指导下，补种对发生药害的药剂耐受性强、生育期适宜的作物，避免发生二次药害。常用补救措施如下：①喷水、灌水。如果药害发现较早，药液还未完全渗透和被吸收时，可迅速用大量清水喷洒受害植株，反复冲洗 3～4 次。若是土壤施药过量应及早灌水洗田，使大量药物随水排出田外；同时，使植株根系大量吸水，从而降低植株体内药物的相对浓度，减缓药害发生程度。②使用解毒剂或植物生长调节剂。一般药害可喷施叶面宝、天丰素等精制有机活性肥，或 0.3% 尿素溶液＋0.2% 磷酸二氢钾混合溶液，可有效地缓解药害；而对多效唑、缩节胺、矮壮素等抑制和干扰作物生长的调节剂引起的药害，可喷施生长刺激素赤霉素或促进植物生长的调节剂稀土微肥等来缓解药害，促进生长；对酸性农药施用不当造成的药害，可撒施草木灰或喷施 0.5%～1% 的生石灰水、肥皂水、碳酸氢铵溶液来缓解药害；对碱性农药施用不当造成的药害，可追施硫酸铵等酸性化肥以缓解药害。③摘除受害部位。对一些内吸剂或生长调节剂所引发的药害，应及时摘除受害的叶片、茎蔓、果实等，防止植株体内的药剂继续传导和渗透，减轻和防止药害的扩展。

97. 瓠瓜受乙烯利药害后如何补救？

用乙烯利促进棚室瓠瓜幼苗的雌花分化，已成为应用于生产实践的一项成熟技术。但仍有不少菜农不能准确掌握用药浓度，造成浓度过高，使幼苗生长停滞，形成僵苗，严重时生长点干枯死亡。现将棚室瓠瓜受乙烯利药害的补救措施介绍如下。

(1)加强肥水管理　药害发生后，根据药害程度，增施速效性氮肥，同时增加灌水次数，以保证充足的水肥供应。

(2)提高棚内温度　正常的瓠瓜幼苗期白天适宜的温度为 25℃～28℃，夜间为 13℃～15℃。受害后，白天要提高棚温至 30℃，以促进幼苗生长；夜间可保持原来的低温，保证雌花的继续分化。

(3)喷施赤霉素 瓠瓜4叶1心期用乙烯利处理，如浓度大丁500毫克/千克即发生药害，此时可用20～50毫克/千克赤霉素喷施，应注意的事项如下：①目前应用的赤霉素为晶体袋装产品，使用时要先用酒精或白酒将其溶解再按浓度配制。②药害症状出现后要及早喷施，否则效果欠佳。③第一次喷施1周后，再喷施第二次，经15天左右能全部恢复正常。

98. 防止保护地秋延后瓠瓜疯长的措施是什么？

保护地秋延后瓠瓜生长期间，气温正处于从高温向低温过渡的过程中，早期温度高，瓠瓜极易出现疯长不结瓜的现象。生产中为防止发生疯长现象，应及早采取以下8项措施。

(1)合理密植 棚室瓠瓜应适当稀植，并加强肥水管理。定植密度应根据品种、地力、季节而定，一般每667平方米定植1 800～2 000株。

(2)适时浇水 浇水要控两头促中间，即结瓜期以前，以中耕保墒、提高地温为主，做到见湿见干；结瓜期每隔7～10天浇1次水，每次浇水应在摘瓜前进行，以控制疯长；顶瓜收完后控制浇水，促新根发生。回头瓜膨大时及时浇水。

(3)合理追肥 在保证土壤氮素供应的前提下，适当多施磷、钾肥。追肥用液态形式，以水带肥。一般根瓜膨大前每667平方米追施尿素15～20千克，硫酸钾10千克，磷酸二铵15千克，以后每采收2次追施1次肥。中、后期随水追施腐熟粪稀2～3次，每次每667平方米施1 000千克左右。

(4)控制温度 瓠瓜生长发育的适宜温度为25℃～30℃，超过30℃植株生长加快，容易疯长。因此，棚室白天温度应控制在25℃～30℃，不宜超过30℃，夜间温度保持在

18℃左右，以降低呼吸作用，增加干物质积累。

(5)控制湿度 瓠瓜生长发育适宜的空气相对湿度为60%～80%。当棚内空气相对湿度超过85%时，应立即通风排湿；傍晚气温在10℃～15℃时，通风1～2小时，以降低夜间温、湿度，防止疯长，控制病害，促进开花结瓜。

(6)看秧绑蔓 瓜蔓长到30厘米左右时，开始绑蔓。第一次直立绑在架上，瓜蔓生长旺盛时，可左右弯曲绑在架上，弯曲度与松紧度视瓜秧的长势而定。如秧旺瓜少时，弯曲度要大，而且要绑紧。

(7)使用激素保瓜 瓠瓜结瓜后，植株的营养生长受到控制。因此，要设法使第一批花多坐瓜。如果第一批花坐瓜少，易导致疯长。据试验，使用保果灵100倍液蘸花、喷花，可使瓠瓜多坐瓜，且能保住瓜，促进小瓜迅速膨大，既可提早上市，增加早期的产量，又能有效地防止瓜秧疯长。

(8)看秧收瓜 根瓜对瓜秧有明显的影响，根瓜采收较晚时，会使瓜秧生长受到抑制。对疯长的瓜秧应适当晚摘根瓜，以起坠秧作用，缓解疯长；瓜秧生长弱时，要早收根瓜，以防止坠秧，尽快采取措施促秧生长。

六、瓠瓜种植新模式

99. 日光温室辣椒—瓠瓜—白菜高效栽培模式有哪些关键技术？

为提高蔬菜生产设施的利用率，增加农民收入，通过近几年的生产实践，寿光市洛城绿色食品蔬菜基地总结出一套日光温室秋延后辣椒—早春茬瓠瓜—夏白菜的高产高效栽培模式。按每667平方米的产量计:秋延后辣椒产量2200千克,产值6500元,纯收入5000元;早春茬瓠瓜产量10000千克,产值1.4万元,纯收入1.12万元;夏白菜产量3000千克,产值3000元,纯收入2500元。全年每667平方米总产值23500元,纯收入18700元。

(1)种植模式 秋延后辣椒7月下旬育苗,9月上旬定植,翌年1月底至2月上旬采收;早春茬瓠瓜1月初育苗,2月中旬定植,头批瓜4月底至5月初采收,二批瓜5月底采收;夏白菜6月上旬直播,7月下旬采收。

(2)秋延后辣椒栽培要点 ①品种选择。选洛椒4号、8号,长箭等。②育苗。7月下旬搭拱棚育苗,下雨时覆膜,晴天10～16时盖遮阳网。3叶1心分苗假植于育苗钵中,每钵2株,幼苗具7叶1心时移栽。③定植。定植前15天日光温室覆盖薄膜,每667平方米施腐熟粪肥3000千克,饼肥200千克,磷酸二铵25千克。深耕细耙后做畦,畦面宽95厘米,沟宽25厘米,畦面上开1条宽20厘米、深15厘米的灌水沟。9月上旬定植,行距55厘米,株距40厘米,每667平方米植2750穴,每穴2株。定植结束后覆盖地膜。④定植后的管理。一是棚温的调节。定植后1周白天室温保持25℃～30℃,夜间15℃～18℃;返苗后白天保持20℃～25℃,夜间13℃～18℃。二是植株调整。将门椒以下的侧枝全部去除。进入开花结果期,在每畦辣椒的两侧15厘米处,距地面30厘米南北向扎一道竹竿,以防止辣椒结果后倒伏。三是肥水管理。定植后5～7天浇返苗水。对椒坐稳后,每667平方米施尿素25千克,用水化开后随水冲施。12月上中旬追肥浇水1次,以后视土壤墒情酌情浇水。四是采收。11月中旬门椒、对椒长成,为防止果实坠秧,可采收上市(一般不采收),以后所结辣椒一律保留在植株上，等到翌年1月底至2月上旬价位较高时，一次性采收上市。⑤病虫害防治。病害主要有病毒病、疫病和炭疽病。对病毒病，可用20%的病毒A可湿性粉剂500倍液或1.5%植病灵乳剂1 000倍液喷雾防治；对疫病，可用77%可杀得可湿性粉剂600倍液或64%杀毒矾可湿性粉剂500倍液喷雾防治；对炭疽病，可用70%甲基托布津可湿性粉剂1 000倍液或70%代森锰锌可湿性粉剂600倍液喷雾防治。虫害主要有蚜虫、烟粉虱等，可用10%吡虫啉可湿性粉剂2 000倍液或2.5%功夫乳油4 000倍液喷雾防治。

(3)早春茬瓠瓜栽培要点 ①品种选择。选早熟、抗病、高产、优质、耐低温的优良品种，以青玉瓠瓜、早春1号表现为最好。②育苗。1月初利用加温温室或在日光温室内采用电热温床育苗。为保护根系，应采用8厘米×8厘米的塑料育苗钵育苗。由于瓠瓜种子发芽率较低且发芽不整齐，播种前一定要晒种1～2天。种子经浸种消毒后，用清水洗净，置于30℃～32℃下保湿催芽，一般48小时即可发芽。育苗钵一般在催芽前就放在苗床上进行预热，播种前1天浇透水。播种时每个育苗钵放1粒发芽的种子，上面盖1.5厘米厚的营养土，播种结束后随即在苗床上覆盖地膜。为增加地温，提早出苗，也可在苗床上搭建小拱棚。出苗前苗床白天温度保持28℃～32℃，夜间17℃～20℃；出苗后白天室温保持22℃～25℃，夜间15℃～18℃；真叶出现后白天保持25℃～28℃，夜间15℃～18℃。一般苗龄35天左右、幼苗具3叶1心至4叶1心时移栽。定植前5～7天控水降温炼苗，移栽前1天浇透育苗钵。③定植。2月上旬日光温室前茬作物收获后，腾茬施肥整地，每667平方米施腐熟粪肥2 000千克，饼肥150～200千克，磷酸二铵30千克，硫酸钾20千克，施肥后深翻细耙做畦，畦面宽 1.3 米，沟宽 30 厘米，畦面上开 1 条宽 20 厘米、深 15 厘米的灌水沟。2 月中旬定植，行距 60 厘米，株距 40 厘米。按穴浇足定植水，封埯后覆盖地膜。④定植后的管理。一是棚温的调节。定植后 1 周，一般白天室温保持 28℃～32℃，夜间 18℃～20℃；缓苗后至开花坐瓜前，白天保持 25℃～28℃，夜间 16℃～18℃；瓜坐稳后棚温白天保持 28℃～32℃，夜间 15℃～18℃。二是植株调整。采用单蔓整枝栽培，在主蔓具有 6 片真叶时进行第一次摘心；当子蔓结果后再行第二次摘心，促使抽生孙蔓。此后任其自然生长。三是防止落果。在预留雌花开放前 1～2 天，用坐瓜灵 200～300 倍液对瓜胎进行喷雾处理。四是肥水管理。定植后 5～7 天浇缓苗水，主蔓具 6～8 片叶时施伸蔓肥，每 667 平方米施尿素 15～20 千克。幼瓜重为 0.3 千克时施膨瓜肥，每 667 平方米施尿素 20 千克，磷酸二氢钾 5～8 千克，采收前 5～7 天停止浇水。五是采收。从坐瓜到采收 30 天左右。采收时用锋利剪刀剪断瓜柄，切勿强行拉扯，以免损伤瓜蔓，影响结果。⑤病虫害防治。瓠瓜的病害主要有白粉病和灰霉病。对白粉病，可用 20%粉锈宁乳油 2 000 倍液或 70%甲基托布津可湿性粉剂 1 000 倍液喷雾；对灰霉病，可用 50%速克灵可湿性粉剂 1 500 倍液喷雾。瓠瓜的虫害主要有蚜虫、烟粉虱和潜叶蝇等。对蚜虫、烟粉虱，可用 20%灭扫利乳油 2 000 倍液或 10%吡虫啉可湿性粉剂 2 000 倍液喷雾；对潜叶蝇，可用 5%抑太保乳油 1 000 倍液或 1.8%虫螨光乳油 3 000 倍液喷雾防治。

(4)夏白菜栽培要点 ①品种选择。选耐热、抗病、优质、高产的优良品种，如夏阳 50、热抗王、夏丰等。②整地播种。基肥一定要施足，一般每 667 平方米施腐熟土杂肥 3 000 千克，三元复合肥50千克。深耕细耙后做畦，畦面宽65厘米，沟宽25厘米。6月上旬在畦面上按行距35厘米、株距40厘米按穴点播。播后在沟内浇水，将畦面洇湿，以利于出苗。③田间管理。一是幼苗期管理。幼苗拉十字叶时进行第一次间苗，每穴留苗4～6株；具2叶1心时进行第二次间苗，每穴留苗2～3株；4叶期定苗。每次间苗后应及时浇水，浇水后要中耕松土。定苗后结合浇水每667平方米施尿素15千克。二是中后期管理。团棵期一般每667平方米施尿素25千克，莲座期施尿素20千克，追肥后立即浇水。结球前保持土壤见干见湿，结球后保持土壤湿润，采收前7～10天适当控制浇水。三是及时采收。播种后50天左右，到7月下旬即可采收。④病虫害防治。夏白菜的病害主要有霜霉病、软腐病。对霜霉病，用40%乙磷铝可湿性粉剂150～200倍液或53%金雷多米尔可湿性粉剂600倍液喷雾防治；对软腐病，用72%农用链霉素可湿性粉剂3 000～4 000倍液，或77%可杀得可湿性粉剂600倍液，或50%氯溴异氰脲酸600倍液喷雾防治。夏白菜的虫害主要有菜粉蝶、斜纹夜蛾等，可用5%抑太保乳油1 000倍液或24%美满悬浮剂1 500～2 000倍液喷雾防治。

100. 什么是大棚青椒—瓠瓜—香菜立体套种模式？

(1)培育壮苗 ①青椒选用大果型优良品种，于10月下旬至11月上中旬用冷床育苗。苗床选择2～3年内未种过茄果类蔬菜的田块。播前注重培肥苗床，晒种1～2天，用52℃温水浸种15～20分钟，杀死种子表面病菌。播时浇足底水，每平方米播种7～8克，播后浅盖营养细土0.5～1厘米厚，覆盖地膜。出苗前闭棚增温，保持日温25℃～30℃、夜温

18℃～20℃。出苗后轻轻抽去地膜，并适当撒些干细土弥合裂缝，促进根系生长。齐苗后适当通风降湿，保持日温20℃～25℃、夜温16℃～18℃。3～4叶期分苗于10厘米×10厘米塑料钵或纸筒钵中。越冬期间重点是防冻、防病，可采用大棚套小棚加草帘或2～3层遮阳网覆盖过夜，冬季应控制浇水，避免苗床湿度过大，适当喷洒多菌灵、托布津、百菌清预防病害。立春后地温逐渐回升，适当追施稀水粪，喷施0.2%～0.3%磷酸二氢钾溶液，促进幼苗生长。苗龄100～120天。②瓠瓜品种选择早春1号瓠瓜，于3月上中旬应用大棚套小棚进行营养钵育苗。播前浸种催芽，用温水浸种3小时，而后用纱布或毛巾包好种子置于30℃环境中催芽，种子"破嘴"后每钵点播1粒。出苗前保持日温25℃～30℃，夜温18℃～20℃，出苗后适时通风降湿。苗龄35～40天，单株具3～5片真叶，叶片嫩绿。

(2)合理套种 ①青椒。青椒苗于3月上旬选择晴天上午定植于大棚内，每667平方米定植5000株，株行距为27厘米×50厘米。定植前7～10天施足基肥，每667平方米施腐熟有机肥4000～5000千克，饼肥100千克、磷酸二铵50千克或45%三元复合肥40～50千克，施肥后整地做畦，喷洒氟乐灵或都尔，平铺地膜，扣棚增温。定植后闭棚5～7天，保温保湿，以促进缓苗。②瓠瓜。4月下旬将瓠瓜秧套栽于青椒行间且接近棚架下脚内侧20厘米处，每667平方米栽220～250株。③香菜。7月下旬青椒拉秧后，及时挖翻地、整地、施肥，每667平方米基施复合肥15～20千克，腐熟粪肥1500～2000千克，然后在瓠瓜架下抢播香菜(利用瓠瓜遮荫)。播种前搓开球果，浸种6～8小时，再将种子放于冰箱冷藏处催芽(温度保持5℃～7℃)，每667平方米播种子6～7千克，播种后地表用小麦秸秆或遮阳网覆盖，高温干旱天气坚持早晚喷水，保持土壤湿润，以促进出苗。

(3)田间管理 ①青椒。适时进行田间管理，晴天适时通风降湿，夜晚适当覆盖保温防霜冻。因苗制宜，选择晴天上午追施1～2次稀粪水，每667平方米每次施1000千克，促进秧苗生长。早春发生连续阴雨天气，椒苗易徒长，应适量喷洒助壮素或多效唑。开花结果初期(门椒坐住、对椒膨大期)，防止晴天高温伤苗，将白天棚温控制在25℃～28℃，夜晚15℃～18℃。可根据长势，每667平方米追施稀粪水1000～1500千克+尿素5～7.5千克，以后每7～10天追施1次粪肥，促进开花结果。结果盛期，每667平方米追施尿素20千克+人、畜粪1500～2000千克，并结合治虫防病，根外喷肥2～3次。4月下旬撤去小棚，5月下旬撤去大棚膜。②瓠瓜。瓠瓜伸蔓初期，可先在棚架旁插矮竹竿，引蔓爬上竹竿。5月下旬大棚膜撤去后，及时理蔓、绑蔓，使之沿竹竿爬上大棚架，在棚架之间组成网状；适当浇施稀水粪，促进瓜蔓生长。6月上中旬瓠瓜进入开花结果期，要适度浅中耕松土，及时整理瓜蔓和幼瓜，摘除下部侧蔓。盛果期管理做到勤摘老叶与摘弱蔓，勤疏多余的雄花蕾，勤采瓜。8月中下旬待香菜齐苗后，应逐步去除瓜蔓，增加棚下光照，促进香菜生长。③香菜。香菜出苗后，应及时撤去地表覆盖物，干旱天气利用早晚喷洒水，保持土壤湿润，每5～7天浇施1次腐熟的稀粪水，以促进幼苗生长。株高10～12厘米时，结合浇水，每667平方米施尿素7.5～10千克，并喷洒20毫克/千克赤霉素溶液，促进香菜快速生长。香菜株高20厘米以上即可分批采收。

(4)防病治虫 青椒。前期应用50%多菌灵1000倍液、50%甲基托布津1000倍液、50%速克灵800～1000倍液、

50%扑海因 1 000～1 500 倍液交替防治灰霉病、菌核病。及时用灭蚜烟剂防治蚜虫。中后期应用 50%多菌灵 800～1 000倍液或 50%甲基托布津 800～1 000 倍液防治炭疽病。雨季注意用 40%乙磷铝 400～500 倍液预防疫病，高温干旱天气喷洒 10%的 83 增抗剂 150～200 倍液或 20%病毒 A 300～500 倍液预防病毒病。

附　录

日光温室蔬菜主要病虫害种类及农药防治方法

（根据寿光菜农防治病虫害经验总结）

1. 真菌类病害

(1)霜霉病、疫病(包括早疫病、晚疫病)用药种类及使用方法　70%乙磷铝·锰锌500倍液，72.2%普力克(霜霉威)800倍液，58%雷多米尔·锰锌(甲霜灵·锰锌)500倍液，50%甲霜·铜600倍液，50%甲霜·铝·铜500倍液，64%杀毒矾500倍液，85%三乙磷铝500倍液，69%安克·锰锌600～800倍液，58%霜尽400～500倍液，72%霜脲·锰锌(又名克露·霜疫清、霜疫净、红太阳等)500～600倍液，50%灭克(氟吗锰锌)500～600倍液，菌立灭4号500倍液，50%加收米水剂500倍液，易保500～600倍液，58%烯酰吗啉·福美双500～600倍液，58%烯酰吗啉·锰锌500～600倍液。每5～7天喷1次，防治2～3次。

(2)灰霉病、煤污病用药种类及使用方法　喷洒50%速克灵(腐霉利)可湿性粉剂1 000倍液，50%扑海因可湿性粉剂或悬浮剂1 000倍液，70%甲基托布津可湿性粉剂500～600倍液，40%百可得可湿性粉剂1 500倍液，40%施佳乐悬浮剂800～1 200倍液，50%农利灵500倍液，绿亨5号1 000～1 500倍液。每5～7天喷1次，连续防治2～3次。

(3)叶霉病、白粉病、锈病等用药种类及使用方法　喷洒氧硅唑(福星)4 000倍液，腈菌唑(福腈)1 500倍液，三唑酮(又名百里通、粉锈宁、20%粉锈宁乳油)一般作物3 000倍液以上、个别作物4 000倍液以上,速得利12.5%可湿性粉剂3 000倍液,德国拜耳公司生产的戎唑醇(好力克)5 000倍液,美国杜邦公司生产的万兴1 500倍液,国产赛星3 000倍液,世高800倍液,叶霉威500倍液,多霉威500倍液。以上农药每5～7天喷1次,交替使用,连续防治2～3次。

(4)蔓枯病、炭疽病等病害用药种类及使用方法 喷洒36%甲基硫菌灵悬浮剂400～500倍液,75%百菌清可湿性粉剂600倍液,80%炭疽福美胂600～800倍液,64%杀毒矾500～600倍液,77%氢氧化铜(又名可杀得、丰护安、瑞扑)500倍液,56%氧化亚铜(又名靠山)500～700倍液,菌立灭4号500～600倍液喷雾,也可用上述农药1倍溶液涂抹病部。还可用50%春雷氧氯铜(又名加瑞农、加收米)500倍液,50%施保功可湿性粉剂(通用名称为咪鲜安锰络合物)2 000倍液,安美托600～800倍液,炭疽净500倍液喷雾,每5～7天喷1次,交替使用,从发病初期开始,连续防治2～3次。

(5)斑枯病、褐斑病、灰斑病、轮纹病等叶斑病类用药种类及使用方法 喷洒75%达科宁(百菌清)500～600倍液,64%杀毒矾可湿性粉剂500～600倍液,70%代森锰锌、80%大生、强生等600～800倍液,10%多抗霉素(宝丽安)800～1 000倍液,好力克5 000倍液,施保功2 000倍液,易保500倍液,品润500倍液,斑博、斑神、斑速尽、叶斑净等500倍液,甲霜灵·锰锌500倍液喷雾。从发病初期开始,每5～7天喷1次,交替使用,连续防治2～3次。

(6)黄萎病、枯萎病、立枯病、根腐病等土传病害用药种类及使用方法 播种前可用50%多菌灵可湿性粉剂处理种子和土壤,或在生长期灌根、冲施;也可用恶霉灵(土菌清)拌种、处理土壤及在生长期灌根，防治茄子黄萎病及其他土传病害效果显著。用50%甲羟翁水剂500倍液浸种24小时，或用1 500倍液从苗期开始喷雾，每7天喷1次，连喷2～3次，对各种土传病害均有明显效果。用58%烯酰吗啉·福美双(又名霜尽、盖克)500倍液喷灌根际部，或在生长期每株灌药液250毫升，可防治各种土传病害。用45%三唑酮·福美双可湿性粉剂300倍液浸种或600～800倍液灌根，对茄子黄萎病、枯萎病以及各种作物的根腐病、立枯病、猝倒病、炭疽病、茎基腐病等土传病害均有较好防治效果，并能治愈根腐病、茎基腐病等病害。另外，用绿亨1号、8号、2号800～1 500倍液喷雾、灌根，效果良好。用根病灵500倍液喷雾，防治效果也很好。用苗菌敌在育苗时处理苗床土壤，能培育无病菜苗，但不宜喷雾幼苗，以免发生药害。

(7)绵疫病、绵腐病、菌核病、白绢病等病害用药种类及使用方法 可用乙烯菌核利(农利灵)50%可湿性粉剂500～600倍液均匀喷洒作物发病各部位，每5～7天喷1次，防治2～3次。也可用40%菌核净可湿性粉剂3 000倍液喷雾防治，但此药易发生药害，因此应在专家指导下使用。用58%甲霜灵·锰锌500倍液喷雾防治绵疫病等病害，若与菌立灭4号或双抗霉素混合使用效果更好。也可用70%乙磷铝·锰锌与菌立灭4号或双抗霉素混合500～600倍液喷雾防治，还可用64%杀毒矾500倍液与速克灵、百可得等农药1 000倍液混合喷雾。

(8)芝麻斑点病、胡麻斑点病等病害的用药种类及使用方法 用络氨铜(又名消病灵、菌杀、双效灵、克病增产素、胶氨铜)15%或25%水剂300～500倍液喷雾防治，对防治各种作物上的芝麻斑点病、胡麻斑点病等效果显著，且能兼治细菌性病害。也可用77%氢氧化铜400～500倍液喷雾防治。用

30%氧氯化铜悬浮剂(氯化氧铜、王铜)600～800 倍液喷雾，能有效防治芝麻斑点病、胡麻斑点病及各种细菌性病害。用德国拜耳公司生产的好力克 5 000 倍液防治芝麻斑点病，效果也很好。

2. 细菌性病害

(1)细菌性角斑病、叶斑病、缘枯病、斑疹病等病害用药种类及使用方法 用二元酸铜(琥胶肥酸铜、DT)30%悬浮剂 500～600 倍液喷雾防治叶片和果实上的细菌性病害，均有较好的防治效果。用 15%或 25%络氨铜水剂 300～500 倍液防治西瓜、甜瓜上的细菌性病害，效果良好。用噻枯唑(又名叶枯唑、川化-018、叶青双、叶枯宁、细菌净、细菌特净、细菌除尽、细菌扑杀等)20%或 25%可湿性粉剂 400～500 倍液喷雾防治叶片及果实上的细菌性病害，均有理想的效果，且能与任何农药混合使用，深受广大菜农的欢迎。用 72%农用链霉素 4 000 倍液或每 500 万单位链霉素对水 15 升喷雾防治叶片及果实上的细菌性病害，均有很好的效果。另外，选用绿亨 6 号 800～1 500 倍液，绿亨 7 号 500～600 倍液，冠菌清 1 000 倍液，冠菌铜 800 倍液，可杀得 2 000 制剂 3 000 倍液，抑快净 800～1 000倍液，防治叶片和果实上的细菌性病害也有理想的效果。

(2)细菌性青枯、溃疡、疮痂、茎部坏死等病害用药种类及使用方法 用 50%DT 可湿性粉剂 500～600 倍液喷雾、灌根，每 5～7 天喷 1 次，每 10～15 天灌根 1 次。也可用绿亨 6 号 1 000 倍液或用 30%氧氯化铜 300～500 倍液喷雾、灌根，还可用冠菌清 1 000 倍液喷雾、灌根。

3. 各种作物病毒病用药种类及使用方法 用盐酸吗啉胍酮(又名病毒 A、病毒净、病毒除尽)20%可湿性粉剂 400～

500 倍液喷雾，每 3～5 天喷 1 次，连喷 3 次；也可用 5%菌毒清水剂（市场上出售的病毒净、毒痉净、毒霸等，主要成分就是菌毒清）300 倍液喷雾防治；用 1.5%植病灵乳剂 600 倍液喷雾，效果均较理想。用病毒克星 1 小袋（25 克）对水 30 升，菌克毒克 600 倍液，农康 1 小袋（10 克）对水 15 升，喷雾防治病毒病均有较好的效果。

4. 广谱性生物及抗生素杀菌杀毒剂 ①用井冈霉素 15%或 17%水溶性剂 500～1 000 倍液喷雾、灌根，对真菌、细菌、病毒各类病害均有较好的防治效果。②用根叶康（由青岛中垦化工有限公司生产）拌种、喷雾均能杀伤真菌、细菌病害，并能明显减轻各种作物病毒病的发生。③用益微（商品暂用名）拌种、喷雾能防治各种作物苗期病害、土传病害，对各种病毒类病害也有良好的控制作用。用益微拌种时，每 20 克可拌 667 平方米需用的种子；用于生长期喷雾时，每 20 克益微对水 15～30 升。

5. 大棚虫害种类及用药方法

(1)白粉虱、烟飞虱、蚜虫、蓟马等刺吸式口器害虫的用药种类及使用方法 此类农药种类很多，这里仅介绍主要品种及使用方法：用蚜虱宝 1 000～1 500 倍液，粉虱特 1 000 倍液，扑虱灵 800～1 000 倍液，菜喜 1 500 倍液，阿克泰 3 000 倍液，除尽 1 500 倍液，绿菜宝1 500倍液喷雾防治。

(2)斑潜蝇用药种类及使用方法 用神农乐 600～800 倍液，绿菜宝 1 500 倍液，菜喜 1 500 倍液，阿克泰 2 000 倍液，尽胜 1 500 倍液，48%乐斯本乳油 800～1 000 倍液，1.8%爱福丁乳油 3 000 倍液，10%吡虫啉水剂 1 500～2 000 倍液，10%天王星乳油 3 000～4 000 倍液喷雾防治。

(3)各种螟虫、蛾类虫害用药种类及使用方法 大棚蔬菜的此类害虫有棉铃虫、斜纹夜蛾、小菜蛾、菜青虫等咀嚼式昆虫和地蛆等地下害虫。可用50%辛硫磷乳油1000～1500倍液喷雾或冲施灌根，用20%高效氯氰菊酯2000倍液喷雾防治各种咀嚼式昆虫，用50%～80%敌敌畏乳油1000～1500倍液喷雾防治各种害虫，用敌敌畏制作的各种类型的烟雾剂均能防治各种害虫。还可用90%万灵1500倍液，48%乐斯本乳油800～1000倍液，生物药安打3000倍液喷雾防治。

(4)各种螨类用药种类及使用方法 用73%克螨特乳油2000～3000倍液，20%螨死净2000～2500倍液，20%扫螨净3000～4500倍液，虫螨杀星1500倍液，阿维除尽1000～1500倍液，1.8%阿维菌素1500倍液喷雾防治。

6. 根结线虫、茎线虫用药种类及使用方法 施用福气多、米乐尔、好年冬、线敌、线虫灵、线虫除尽、线虫速灭等颗粒剂防治，处理土壤时每667平方米用10～20千克，做条施或穴施时用3～5千克。也可用克兰德桑水剂灌根和冲施，灌根时用800～1000倍液，每株灌250～500毫升药液；冲施时每667平方米冲施2～3桶，即2～3千克农药。也可用阿维菌素1.8%水剂1千克冲施在菜地里，防治线虫的效果良好。

7. 各种作物除草剂 种类很多，寿光市推广的有以下品种。

(1)高效盖草能 主要用于油菜、西瓜、甜瓜、马铃薯等阔叶作物和阔叶蔬菜地的除草。其使用方法是，在作物播种后或作物具2～3片复叶时，每667平方米用10.8%盖草能乳油30～35毫升对水60升喷雾处理。

(2)苯磺隆(又名杜邦巨星、阔叶净) 主要用于冬小麦杂草。其使用方法是，每667平方米用75%巨星干悬浮剂1～1.5克对水30～40升喷雾防除杂草。

(3)乙莠水(通用名称乙草胺＋莠去津) 主要用于玉米田防除杂草。其使用方法是，在玉米播种后出苗前，每667平方米用40%乙莠水悬浮剂300～400毫升对水40～50升喷雾防除玉米田杂草。

(4)除草醚 适合施用的作物有大豆、花生、芹菜、胡萝卜、萝卜、茴香、油菜、菜花等作物，最适宜喷雾防治杂草。但是，应在作物播种后出苗前应用。其使用方法是，每667平方米用25%除草醚可湿性粉剂500克左右对水30升喷雾处理土壤表面。

(5)除草通(又名施田朴) 适合施用的作物有玉米、大豆、棉花、蔬菜等作物，用于防除稗草、马唐草、狗尾草、早熟禾、藜、苋菜等杂草。其使用方法是，播种后出苗前每667平方米用33%施田朴乳油200～300毫升对水30～40升喷雾于地表。

(6)地乐胺 适用于大豆、茴香、萝卜、胡萝卜、韭菜、菜豆等作物防除杂草。其使用方法是，每667平方米用48%地乐胺乳油200～300毫升对水30～40升，喷雾地表，施药后划锄混土，然后再播种或移栽。

8. 大棚鼠害用药种类及方法 防治鼠害的方法很多，但要求对人、畜必须安全。这里仅介绍三种防鼠药的使用方法。

(1)绿亨鼠克 用1份药对水50毫升，再加入250～500克新鲜饵料搅拌均匀，于傍晚撒在老鼠出没的路线上。

(2)大卫 用1小盒大卫(5克)配制500克毒饵，于傍晚撒在老鼠出没的路线上。

(3)玉虎 用玉虎5毫升对水50毫升，与500克新鲜玉米或小麦粒拌匀制成毒饵，撒在老鼠出没的路线上。

9. 植物生长调节剂 大棚瓜菜有时生长过快，有时生长过慢，有时因温度过高或过低造成落花落果或化瓜现象，有时形成花打顶现象，这就需要用生长调节剂进行调理。寿光市菜农常用的生长调节剂有以下几种。

一是刺激生长，使果实变大变长的生长调节剂。主要有赤霉素、细胞分裂素、复硝酚胺（市场上销售的甜瓜膨大素、西瓜膨大素等）。

二是抑制作物生长的调节剂。主要有矮壮素、缩节胺（助壮素、稳丰等品牌）、多效唑、比久等。

三是促使作物果实早熟的生长调节剂。主要有40%乙烯利水剂、国光牌催红剂、必多收等药剂。

四是保花保果的生长调节剂。目前市场销售的主要有2,4-D、防落素、施特优、萘乙酸、芸薹素内酯（云大-120）、复硝酚钠（又名爱多收、爱农、丰产素、巨丰系列叶肥）等。

10. 大棚蔬菜生理性病害及缺素症用药种类 此类农药大多为蔬菜常用叶肥，种类很多，有爱多收、爱农、康凯、云大-120、云大-中天、纳米磁能液、绿芬威系列，铁、锌、钙达灵，金钙宝、三不落、巨丰系列、稀土绿霸王、太得肥等。